Bohner
Ott
Deusch

Mathematik für berufliche Gymnasien
Lineare Algebra
Vektorgeometrie

Lösungsheft
ab 1. Auflage 2016
ISBN 3-8120-3638-2

Merkur Verlag Rinteln

Lehrbuch Seite 14

1 a) $\vec{x} = \begin{pmatrix} 2 \\ -3 \\ 4 \end{pmatrix}$ b) $\vec{x} = \begin{pmatrix} 1 \\ -1 \\ 2{,}5 \end{pmatrix}$ c) $\vec{x} = \begin{pmatrix} 3 \\ 6 \\ 6 \end{pmatrix}$

   d) $\vec{x} = \begin{pmatrix} 0 \\ 1{,}5 \\ 1{,}5 \end{pmatrix}$ e) $\vec{x} = \begin{pmatrix} 1 \\ 1 \\ 1 \end{pmatrix}$ f) $\vec{x} = \begin{pmatrix} 4 \\ 0 \\ -1 \end{pmatrix}$

Lehrbuch Seite 15

2 a) $\vec{x} = \begin{pmatrix} 0{,}3 \\ -0{,}5 \end{pmatrix}$ b) $\begin{matrix} 5x + y = 4 \\ -x + y = -2 \end{matrix}$ $\vec{x} = \begin{pmatrix} 1 \\ -1 \end{pmatrix}$ c) $\begin{matrix} 4x - 3y = -5 \\ 3x - 2y = 1 \end{matrix}$ $\vec{x} = \begin{pmatrix} 13 \\ 19 \end{pmatrix}$

   d) $\vec{x} = \begin{pmatrix} 3 \\ -2 \\ 1 \end{pmatrix}$ e) $\vec{x} = \begin{pmatrix} 1{,}5 \\ 3{,}5 \\ 0{,}5 \end{pmatrix}$ f) $\vec{x} = \begin{pmatrix} -1 \\ 1{,}5 \\ 2{,}5 \end{pmatrix}$

3 a) $\vec{x} = \begin{pmatrix} -0{,}5 \\ 1 \\ 0 \end{pmatrix}$ b) $\vec{x} = \begin{pmatrix} -25{,}5 \\ -9 \\ 5{,}5 \end{pmatrix}$ c) $\vec{x} = \begin{pmatrix} -19 \\ 3{,}25 \\ 4{,}5 \end{pmatrix}$

   d) $\vec{x} = \begin{pmatrix} 13 \\ 4 \end{pmatrix}$ e) $\vec{x} = \begin{pmatrix} 1 \\ -3 \end{pmatrix}$ f) $\vec{x} = \begin{pmatrix} 3 \\ 4 \end{pmatrix}$

4   $x + 2y = 0$ $\wedge$ $3x + 5y = 2$

5   Funktionsterm: $f(x) = ax^2 + bx + c$

$\begin{matrix} a & b & c & \\ \end{matrix}$
$\left(\begin{matrix} 1 & 1 & 1 \\ 1 & -1 & 1 \\ 4 & 2 & 1 \end{matrix} \right. \left| \begin{matrix} 3 \\ -3 \\ 12 \end{matrix} \right)$ Ergebnis: $a = 2$; $b = 3$ und $c = -2$:

                   Parabelgleichung: $y = 2x^2 + 3x - 2$

6   x: Preis einer Milchkuh;   y: Preis eines Kalbes;   z: Preis eines Schafes

       $2x + 5y - 13z = 1000$

  LGS: $3x - 9y + 3z = 0$ Lösung: $x = 1200$; $y = 500$; $z = 300$

       $-5x + 6y + 8z = -600$

  Eine Milchkuh kostet 1200 €, ein Kalb 500 € und ein Schaf 300 €.

7   Es können x_1 ME an W_1, x_2 ME an W_2 und x_3 ME an W_3 hergestellt werden.

$\begin{matrix} x_1 & x_2 & x_3 & \\ \end{matrix}$
$\left(\begin{matrix} 3 & 1 & 2 \\ 0 & 4 & 1 \\ 1 & 0 & 3 \end{matrix} \right. \left| \begin{matrix} 448 \\ 442 \\ 330 \end{matrix} \right)$ Ergebnis: $\vec{x} = \begin{pmatrix} 60 \\ 88 \\ 90 \end{pmatrix}$

  Es können 60 ME an W_1, 88 ME an W_2 und 90 ME an W_3 hergestellt werden.

Lehrbuch Seite 16

1   Umformung in die erweiterte Dreiecksform ergibt die Behauptung.

   a) $\left(\begin{matrix} 1 & -3 & 2 \\ 0 & 12 & -8 \\ 0 & 0 & 0 \end{matrix} \right. \left| \begin{matrix} 2 \\ -5 \\ -1 \end{matrix} \right)$ b) $\left(\begin{matrix} 2 & -6 & 9 \\ 0 & 3 & -2 \\ 0 & 0 & 0 \end{matrix} \right. \left| \begin{matrix} 1 \\ -1 \\ -2 \end{matrix} \right)$

2   $x + 2y = 4$

    $x + 2y = 5$

                                 * * * * * * * * * *

Lehrbuch Seite 19

1 a) $\vec{x} = \begin{pmatrix} -1{,}5 - 0{,}5r \\ 1 - 2r \\ r \end{pmatrix}$
   b) $\vec{x} = \begin{pmatrix} 1 - 2r \\ 1 + 5r \\ r \end{pmatrix}$
   c) $\vec{x} = \begin{pmatrix} 1 \\ 2 - r \\ r \end{pmatrix}$

Lehrbuch Seite 21

1 a) $\vec{x} = \begin{pmatrix} -12 + 4r \\ -4 + 2r \\ r \end{pmatrix}$
   b) $\vec{x} = \begin{pmatrix} -4 + 2r \\ r \\ 2 \end{pmatrix}$
   c) $\vec{x} = \begin{pmatrix} r \\ 1 \\ 2 \end{pmatrix}$

   d) $\vec{x} = \begin{pmatrix} 5 - r - 2s \\ r \\ s \end{pmatrix}$
   e) $\vec{x} = \begin{pmatrix} 11r \\ 3r \\ r \end{pmatrix}$
   f) $\vec{x} = \begin{pmatrix} 2r \\ r \\ 0 \end{pmatrix}$

   g) $\vec{x} = \begin{pmatrix} 0 \\ 0 \end{pmatrix}$
   h) $\vec{x} = \begin{pmatrix} 5 - r \\ r \end{pmatrix}$
   i) $\vec{x} = \begin{pmatrix} 2{,}5 \\ 0{,}5 \\ 0 \end{pmatrix}$

2 a) $L = \left\{ \begin{pmatrix} 3 \\ 5 \\ 7 \end{pmatrix} \right\}$
   b) $\vec{x} = \begin{pmatrix} 2r + 1 \\ 0{,}5r + 0{,}5 \\ r \end{pmatrix}$
   c) $\vec{x} = \begin{pmatrix} 0{,}5 + r \\ -0{,}25 - 2r \\ r \end{pmatrix}$
   d) $\vec{x} = \begin{pmatrix} 10 - 7r \\ 1 + 3r \\ r \end{pmatrix}$

   e) $\vec{x} = \begin{pmatrix} \frac{2}{3} + \frac{7}{3}r \\ -\frac{1}{3} - \frac{5}{3}r \\ r \end{pmatrix}$
   f) $\vec{x} = \begin{pmatrix} 3 - 3r \\ 1{,}4 - 1{,}8r \\ r \end{pmatrix}$
   g) $\vec{x} = \begin{pmatrix} r \\ s \\ -1 - 2s \end{pmatrix}$
   h) $\vec{x} = \begin{pmatrix} r \\ s \\ -3r + 7s \end{pmatrix}$

3 a) $\vec{x} = \begin{pmatrix} 3 \\ -0{,}5 \end{pmatrix}$
   b) $\vec{x} = \begin{pmatrix} 0{,}1 \\ -0{,}3 \\ 1 \end{pmatrix}$

4 Das LGS ist unlösbar.

$\begin{pmatrix} 1 & 1 & -1 & | & 1 \\ 0 & 1 & 0 & | & 2 \\ 0 & 0 & 3 & | & 1 \end{pmatrix}$ Das LGS ist eindeutig lösbar. $\vec{x} = \begin{pmatrix} -\frac{2}{3} \\ 2 \\ \frac{1}{3} \end{pmatrix}$

5 $\begin{pmatrix} 1 & -2 & 1 & | & 2 \\ 1 & -4 & 2 & | & 2 \\ 0 & -2 & 1 & | & -1 \end{pmatrix} \sim \begin{pmatrix} 1 & -2 & 1 & | & 1 \\ 1 & -2 & 1 & | & 1 \\ 0 & 0 & 0 & | & 2 \end{pmatrix}$ Das LGS ist unlösbar.

Lehrbuch Seite 22

6 LGS für r, s und t: $\begin{matrix} r & s & t & \\ \begin{pmatrix} 1 & 2 & -4 & | & -1 \\ 3 & 2 & -2 & | & -3 \\ 4 & 4 & -4 & | & -1 \end{pmatrix} \end{matrix} \sim \begin{pmatrix} 1 & 2 & -4 & | & -1 \\ 0 & -4 & 10 & | & 0 \\ 0 & 0 & 2 & | & 3 \end{pmatrix}$

   Auflösung: $r = -2{,}5$; $s = 3{,}75$; $t = 1{,}5$

7 a) Einsetzen ergibt eine falsche Aussage für $\vec{x}_1$, also keine Lösung,
   eine wahre Aussage für $\vec{x}_2$, also Lösung.

   b) Mit $x_3 = r$: $\vec{x} = \begin{pmatrix} -2 + 1{,}5r \\ 1 - 0{,}5r \\ r \end{pmatrix}$

Lehrbuch Seite 22

7 c) Für $r = 0$: $\vec{x} = \begin{pmatrix} -2 \\ 1 \\ 0 \end{pmatrix}$

   d) Bedingungen: $x_2 = x_3$: $1 - 0{,}5r = r$ für $r = \frac{2}{3}$

   $x_1 = x_3$: $-2 + 1{,}5r = r$ für $r = 4$

   Es ist nicht möglich.

8 Einsetzen von $x_1 = 2$, $x_2 = 3$ und $x_3 = 2$ in die drei Gleichungen ergibt

   drei wahre Aussagen.

   LGS für x_1, x_2 und x_3: $\begin{array}{ccc} x_1 & x_2 & x_3 \end{array}$ $\left(\begin{array}{ccc|c} 1 & -2 & 2 & 0 \\ -1 & 0 & 1 & 0 \\ 4 & -2 & -1 & 0 \end{array}\right)$ Lösungsvektor: $\vec{x} = \begin{pmatrix} r \\ 1{,}5r \\ r \end{pmatrix}$

9 Lösungsvektor: $\vec{x} = \begin{pmatrix} -2r \\ 2 - 3r \\ r \end{pmatrix}$

   Einsetzen von $\vec{x} = \begin{pmatrix} -15 \\ -22 \\ 8 \end{pmatrix}$ ergibt eine falsche Aussage, also keine Lösung.

   $x_1 + x_2 + x_3 = 1$: $-2r + 2 - 3r + r = 1 \Leftrightarrow r = 0{,}25$

10 Vorüberlegung: $\left(\begin{array}{ccc|c} 1 & 0 & 2 & x \\ 0 & 9 & 6 & y - 2x \\ 0 & 0 & 0 & 5x - y + 3z \end{array}\right)$

   a) $x = y = z = 0$:

      LGS ist mehrdeutig lösbar. Lösungsvektor: $\vec{x} = \begin{pmatrix} -2r \\ -\frac{2}{3}r \\ r \end{pmatrix}$

   b) Keine Lösung

   c) $5x - y + 3z = 0$

11 $\begin{pmatrix} 1 \\ 0 \\ 0 \end{pmatrix}$ ist kein Lösungsvektor. $\begin{pmatrix} 0 \\ -2 \\ 0 \end{pmatrix}$, $\begin{pmatrix} 4 \\ 1 \\ 2 \end{pmatrix}$ sind Lösungsvektoren.

   Allgemeine Lösung (Lösungsvektor): $\vec{x} = \begin{pmatrix} 4 + 2s - r \\ s \\ r \end{pmatrix}$; $r, s \in \mathbb{R}$

Lehrbuch Seite 25

1 x_1, x_2, x_3:   Anzahl der jeweiligen Baumsorte.

   $2x_1 + 1{,}5x_2 + 3x_3 = 950$

   LGS: $3x_1 + 6x_2 + 2{,}5x_3 = 1590$

   $x_1 + x_2 + x_3 = 420$

   Lösung: $x_1 = 100$, $x_2 = 140$ und $x_3 = 180$

   Ergebnis: Der Gartenbaubetrieb bewirtschaftet

   100 Apfelbäume, 140 Kirschbäume und 180 Birnbäume.

Lehrbuch Seite 25

2 Es werden x_1, x_2, x_3 g der Präparate P1, P2, P3 genommen.

$$0,2x_1 + 0,3x_2 + 0,1x_3 = 2$$

LGS: $\quad 10x_1 + 10x_2 + 20x_3 = 100 \qquad$ Lösungsvektor: $\vec{x} = \begin{pmatrix} 5 \\ 3 \\ 1 \end{pmatrix}$

$$0,1x_1 + 0,15x_2 + 0,25x_3 = 1,2$$

Die Mischung enthält 5 g von P1, 3 g von P2 und 1 g von P3.

3 x_1 ist die Masse in g der Legierung A, x_2 die Masse der Legierung B und x_3 die Masse der Legierung C in 100 g Neusilber.

$$\begin{matrix} x_1 & x_2 & x_3 \end{matrix}$$

LGS: $\left(\begin{matrix} 0,4 & 0,75 & 0,5 \\ 0,2 & 0,25 & 0 \\ 0,4 & 0 & 0,5 \end{matrix} \middle| \begin{matrix} 60 \\ 20 \\ 20 \end{matrix} \right) \sim \left(\begin{matrix} 0,4 & 0,75 & 0,5 \\ 0 & 0,25 & 0,5 \\ 0 & -0,75 & 0 \end{matrix} \middle| \begin{matrix} 60 \\ 20 \\ -40 \end{matrix} \right) \qquad x_2 = 53,33$

Von der Legierung B benötigt man 53,33 g.

Lehrbuch Seite 26

4 x: Anzahl der Sweatshirts A $\qquad$ y: Anzahl der Sweatshirts B

z: Anzahl der Sweatshirts C

Es werden jeweils 0,5 kg Stoff für ein Sweatshirt benötigt.

	Baumwolle in kg	Viskose in kg	Polyester in kg
A	0,3	0,2	0
B	0,2	0,1	0,2
C	0	0,2	0,3

a) Baumwolle: $\quad$ 0,3 kg · 120 + 0,2 kg · 300 = 96 kg

Viskose: $\quad$ 0,2 kg · 120 + 0,1 kg · 300 + 0,2 kg · 250 = 104 kg

Polyester: $\quad$ 0,2 kg · 300 + 0,3 kg · 250 = 135 kg

b) $\left(\begin{matrix} 0,3 & 0,2 & 0 \\ 0,2 & 0,1 & 0,2 \\ 0 & 0,2 & 0,3 \end{matrix} \middle| \begin{matrix} 1300 \\ 1200 \\ 1000 \end{matrix} \right) \sim \left(\begin{matrix} 0,3 & 0,2 & 0 \\ 0 & -0,1 & 0,6 \\ 0 & 0 & 1,5 \end{matrix} \middle| \begin{matrix} 1300 \\ 1000 \\ 3000 \end{matrix} \right)$

Es können 3000 Sweatshirts A, 2000 Sweatshirts B und 2000 Sweatshirts C hergestellt werden.

Lehrbuch Seite 26

5 Maschengleichungen

Masche 1: $(R_1 + R_2)\,I_1 \qquad\qquad - R_2\,I_2 \qquad\qquad = U_1$

Masche 2: $- R_2\,I_1 + (R_2 + R_3 + R_4)\,I_2 \quad - \quad R_4\,I_3 = 0$

Masche 3: $- R_4\,I_2 + (R_4 + R_5)\,I_3 = U_2$

Mit den Zahlenwerten: $11 \cdot I_1 \quad - \quad 5 \cdot I_2 + \quad 0 \cdot I_3 = 20$

$$- 5 \cdot I_1 + 18{,}8 \cdot I_2 - 5{,}8 \cdot I_3 = 0$$

$$- 5{,}8 \cdot I_2 + 15{,}8 \cdot I_3 = 25$$

In Matrixschreibweise:

$$\begin{array}{ccc} I_1 & I_2 & I_3 \end{array}$$

$$\left(\begin{array}{ccc|c} 11 & -5 & 0 & 20 \\ -5 & 18{,}8 & -5{,}8 & 0 \\ 0 & -5{,}8 & 15{,}8 & 25 \end{array}\right) \sim \left(\begin{array}{ccc|c} 11 & -5 & 0 & 20 \\ 0 & 181{,}8 & -63{,}8 & 100 \\ 0 & 0 & 2502{,}4 & 5125 \end{array}\right)$$

Lösung des LGS: $I_1 = 2{,}40;\ I_2 = 1{,}27;\ I_3 = 2{,}05$

6 Ansatz: $f(x) = ax^3 + bx^2 + cx + d \qquad d = 18$

$$\left(\begin{array}{ccc|c} 8 & 4 & 2 & 12 \\ 64 & 16 & 4 & 24 \\ 216 & 36 & 6 & 84 \end{array}\right) \sim \left(\begin{array}{ccc|c} 4 & 2 & 1 & 6 \\ 16 & 4 & 1 & 6 \\ 36 & 6 & 1 & 14 \end{array}\right) \sim \left(\begin{array}{ccc|c} 4 & 2 & 1 & 6 \\ 0 & 4 & 3 & 18 \\ 0 & 0 & 1 & 14 \end{array}\right)$$

Auflösung: $a = 1,\ b = -6,\ c = 14$

Funktionsterm: $f(x) = x^3 - 6x^2 + 14x + 18$

Lehrbuch Seite 31

1 a) Die Punkte $P(0 \mid x_2 \mid 0)$ liegen auf der x_2-Achse.

   b) Die Punkte $P(1 \mid x_2 \mid x_3)$ liegen in einer Ebene parallel zur $x_2 x_3$-Ebene durch $A(1 \mid 0 \mid 0)$.

   c) Die Punkte $P(0 \mid 1 \mid x_3)$ liegen auf einer Geraden parallel zur x_3-Achse durch $A(0 \mid 1 \mid 0)$.

2 $A(4 \mid 0 \mid 0);\ B(4 \mid 5 \mid 0);\ C(0 \mid 5 \mid 0);\ D(0 \mid 0 \mid 0);\ E(4 \mid 0 \mid 3);\ F(4 \mid 5 \mid 3);$
   $G(0 \mid 5 \mid 3);\ H(0 \mid 0 \mid 3)$

   Kantenmittelpunkte:

   $M_{AB}(4 \mid 2{,}5 \mid 0);\ M_{BC}(2 \mid 5 \mid 0);\ M_{AD}(2 \mid 0 \mid 0);\ M_{DC}(0 \mid 2{,}5 \mid 0);$

   $M_{AE}(4 \mid 0 \mid 1{,}5);\ M_{BF}(4 \mid 5 \mid 1{,}5);\ M_{CG}(0 \mid 5 \mid 1{,}5);\ M_{DH}(0 \mid 0 \mid 1{,}5);$

   $M_{EF}(4 \mid 2{,}5 \mid 3);\ M_{FG}(2 \mid 5 \mid 3);\ M_{EH}(2 \mid 0 \mid 3);\ M_{HG}(0 \mid 2{,}5 \mid 3)$

3 a) Die x_3-Koordinate vergrößert sich um 2:
      $A^*(-1 \mid 2 \mid 2);\ B^*(0 \mid 3 \mid 2);\ C^*(2 \mid 4 \mid 1)$

Lehrbuch Seite 31

3 b) Spiegelung

an der $x_1 x_2$-Ebene: A*(−1| 2 | 0) = A; B*(0 | 3 | 0) = B; C*(2 | 4 | 1)

an der $x_1 x_3$-Ebene: A*(−1| −2 | 0); B*(0 | −3 | 0); C*(2 | −4 | −1)

an der $x_2 x_3$-Ebene: A*(1| 2 | 0); B*(0 | 3 | 0) = B; C*(−2 | 4 | −1)

4 A(7 | 0 | 0); B(7 | 4 | 0); C(0 | 4 | 0);

D(0 | 0 | 0); E(7 | 0 | 4); F(7 | 4 | 4);

G(0 | 4 | 3); H(0 | 0 | 3); P(−4 | 4 | 0); Q(−4 | 0 | 0)

5 $G = \frac{1}{2} g\,h = \frac{1}{2} \cdot 2 \cdot 3 = 3$

$V = \frac{1}{3} G\,h = \frac{1}{3} \cdot 3 \cdot 1{,}5 = 1{,}5$

Lehrbuch Seite 33

1 a) und b) c) und d)

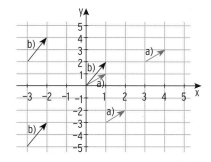
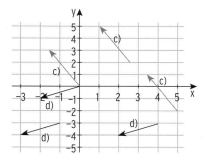

2 a)

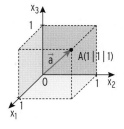

b)

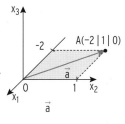

c)

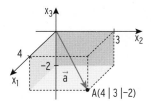

d)

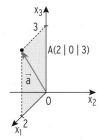

Lehrbuch Seite 33

3

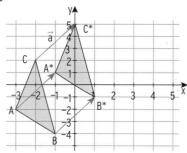

Verschobene Eckpunkte:

A*(− 1 | 1); B*(1 | − 1); C*(0 | 5)

4 a) $\overrightarrow{OA} = \begin{pmatrix} 4 \\ 0 \\ 0 \end{pmatrix}$; $\overrightarrow{OC} = \begin{pmatrix} 4 \\ 5 \\ 3 \end{pmatrix}$; $\overrightarrow{OE} = \begin{pmatrix} 0 \\ 5 \\ 0 \end{pmatrix}$; $\overrightarrow{AB} = \begin{pmatrix} 0 \\ 5 \\ 0 \end{pmatrix}$; $\overrightarrow{DC} = \begin{pmatrix} 0 \\ 5 \\ 0 \end{pmatrix}$; $\overrightarrow{AD} = \begin{pmatrix} 0 \\ 0 \\ 3 \end{pmatrix}$; $\overrightarrow{EF} = \begin{pmatrix} 0 \\ 0 \\ 3 \end{pmatrix}$

    Hinweis: $\overrightarrow{AB} = \overrightarrow{DC}$; $\overrightarrow{AD} = \overrightarrow{EF}$

  b) Verschiebungsvektor: $\overrightarrow{AB} = \begin{pmatrix} 0 \\ 5 \\ 0 \end{pmatrix}$

  c) F(0 | 5 | 3); F*(0 | 5 | − 3); $\overrightarrow{OF^*} = \begin{pmatrix} 0 \\ 5 \\ -3 \end{pmatrix}$

5 $\overrightarrow{OA} = \begin{pmatrix} 4 \\ 0 \\ 0 \end{pmatrix}$; $\overrightarrow{OB} = \begin{pmatrix} 0 \\ 5 \\ 0 \end{pmatrix}$; $\overrightarrow{OC} = \begin{pmatrix} 0 \\ 0 \\ 7 \end{pmatrix}$

Lehrbuch Seite 36

1 a) $\vec{a} + \vec{b} = \begin{pmatrix} -5 \\ 6 \\ -8 \end{pmatrix}$; $\vec{a} - \vec{b} = \begin{pmatrix} 9 \\ -4 \\ 0 \end{pmatrix}$ b) $\vec{a} + \vec{b} = \begin{pmatrix} 13,5 \\ 0,5 \\ -8,5 \end{pmatrix}$; $\vec{a} - \vec{b} = \begin{pmatrix} 6,5 \\ 0,5 \\ 3,5 \end{pmatrix}$

  c) $\vec{a} + \vec{b} = \begin{pmatrix} -1 \\ 5 \\ -21 \end{pmatrix}$; $\vec{a} - \vec{b} = \begin{pmatrix} 1 \\ -5 \\ -5 \end{pmatrix}$

2 a)

b)

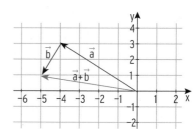

c)

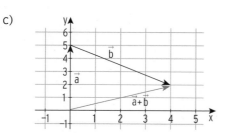

Lehrbuch Seite 36

3 a) $\overrightarrow{AB} = \overrightarrow{OB} - \overrightarrow{OA} = \begin{pmatrix} -8 \\ 1 \\ -4 \end{pmatrix}$ $\qquad$ $\overrightarrow{BA} = \overrightarrow{OA} - \overrightarrow{OB} = \begin{pmatrix} 8 \\ -1 \\ 4 \end{pmatrix}$

b) $\overrightarrow{AB} = \overrightarrow{OB} - \overrightarrow{OA} = \begin{pmatrix} 6 \\ -3 \\ 3 \end{pmatrix}$ $\qquad$ $\overrightarrow{BA} = \overrightarrow{OA} - \overrightarrow{OB} = \begin{pmatrix} -6 \\ 3 \\ -3 \end{pmatrix}$

4 $\overrightarrow{AB} = \begin{pmatrix} 1 \\ 5 \\ -4 \end{pmatrix}$; $\overrightarrow{CD} = \begin{pmatrix} 1 \\ 5 \\ -4 \end{pmatrix}$ $\qquad$ $\overrightarrow{AB} = \overrightarrow{CD}$

5 $\overrightarrow{OA} + \vec{c} = \overrightarrow{OB}$ und damit $\vec{c} = \overrightarrow{OB} - \overrightarrow{OA}$

Der Schüler hat nicht Recht.

Lehrbuch Seite 41

1 a) $\vec{x} = \begin{pmatrix} 7,5 \\ -19 \\ 23,5 \end{pmatrix}$ $\qquad$ b) $\vec{x} = \begin{pmatrix} -22 \\ -10 \\ 24 \end{pmatrix}$ $\qquad$ c) $\vec{x} = -\frac{1}{5}\vec{a} - \frac{6}{5}\vec{b} = \begin{pmatrix} 2,6 \\ 5,4 \\ -8,8 \end{pmatrix}$

2 $\overrightarrow{AB} = \begin{pmatrix} 3 \\ -8 \\ -4 \end{pmatrix}$ $\qquad$ $\overrightarrow{BA} = -\overrightarrow{AB} = \begin{pmatrix} -3 \\ 8 \\ 4 \end{pmatrix}$ $\qquad$ $\overrightarrow{AC} = \begin{pmatrix} -2 \\ -5 \\ -6 \end{pmatrix}$

$\overrightarrow{CB} - \overrightarrow{CA} = \overrightarrow{AB} = \begin{pmatrix} 3 \\ -8 \\ -4 \end{pmatrix}$ $\qquad$ $\overrightarrow{AB} - 4\overrightarrow{AC} + 2\overrightarrow{BA} = -\overrightarrow{AB} - 4\overrightarrow{AC} = \begin{pmatrix} 5 \\ 28 \\ 28 \end{pmatrix}$

3 LGS für r und s: $\begin{pmatrix} 4 & 1 & | & 5 \\ -1 & 2 & | & -8 \\ 2 & 5 & | & -11 \end{pmatrix} \sim \begin{pmatrix} 4 & 1 & | & 5 \\ 0 & 9 & | & -27 \\ 0 & 0 & | & 0 \end{pmatrix}$ Auflösung: r = 2 und s = −3

4 $2\overrightarrow{AB} + 3\overrightarrow{AD} = \overrightarrow{BC}$ $\qquad$ $\overrightarrow{AD} = \frac{1}{3}(\overrightarrow{BC} - 2\overrightarrow{AB}) = \begin{pmatrix} -\frac{4}{3} \\ \frac{7}{3} \\ -\frac{16}{3} \end{pmatrix}$

$\overrightarrow{AB} = \begin{pmatrix} 2 \\ -2 \\ 2 \end{pmatrix}$; $\overrightarrow{BC} = \begin{pmatrix} 0 \\ 3 \\ -12 \end{pmatrix}$

$\overrightarrow{AD} = \overrightarrow{OD} - \overrightarrow{OA} \Rightarrow \overrightarrow{OD} = \overrightarrow{AD} + \overrightarrow{OA} = \begin{pmatrix} \frac{2}{3} \\ \frac{10}{3} \\ -\frac{7}{3} \end{pmatrix}$

Ergebnis: D($\frac{2}{3}$ | $\frac{10}{3}$ | $-\frac{7}{3}$)

$3\overrightarrow{EA} - 2\overrightarrow{EB} = \overrightarrow{CE}$ $\qquad$ $3(\overrightarrow{OA} - \overrightarrow{OE}) - 2(\overrightarrow{OB} - \overrightarrow{OE}) = \overrightarrow{OE} - \overrightarrow{OC}$

$2\overrightarrow{OE} = 3\overrightarrow{OA} - 2\overrightarrow{OB} + \overrightarrow{OC} = \begin{pmatrix} 2 \\ 7 \\ -8 \end{pmatrix}$

Ergebnis: E(1 | 3,5 | −4)

5 $\overrightarrow{AB} = \begin{pmatrix} 1 \\ -1 \\ 1 \end{pmatrix}$; $\overrightarrow{AC} = \begin{pmatrix} 0 \\ -6 \\ 2 \end{pmatrix}$ Es gibt kein k, sodass $\overrightarrow{AB} = k\overrightarrow{AC}$.

Die Vektoren $\overrightarrow{AB}$ und $\overrightarrow{AC}$ sind linear unabhängig. Sie sind nicht parallel.

2 Ott, Bohner, Deusch - ISBN 978-3-8120-3638-2

Lehrbuch Seite 41

6 Resultierende Kraft:

$$\vec{F_R} = \vec{F_1} + \vec{F_2} = \begin{pmatrix} -4 \\ 2 \\ 5 \end{pmatrix}$$

7 (Resultierender) Geschwindigkeitsvektor:

$$\vec{v} = \vec{v}_F + \vec{v}_W = \begin{pmatrix} -160 \\ 390 \\ 15 \end{pmatrix}$$

8 a) M($-1{,}5 \mid 4{,}5$)   b) M($-1{,}5 \mid 4{,}5 \mid 3$)

9 Zu zeigen: $\vec{CA} + \vec{CB} = 2\vec{CM}$

$$\vec{CA} = \vec{CM} + \vec{MA}$$

$$\vec{CB} = \vec{CM} + \vec{MB} = \vec{CM} - \vec{MA}$$

$$\vec{CA} + \vec{CB} = \vec{CM} + \vec{MA} + \vec{CM} - \vec{MA} = 2\vec{CM}$$

Hinweis: Die Diagonalen in einem
Parallelogramm halbieren sich.

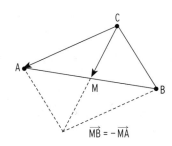

Lehrbuch Seite 42

10 C($1 \mid 3 \mid 0$) und damit ist D($1 \mid 0 \mid 0$).

$$\vec{AE} = \begin{pmatrix} 1 \\ 2 \\ 3 \end{pmatrix}; \ \vec{BC} = \begin{pmatrix} -3 \\ 0 \\ 0 \end{pmatrix}$$

Punkte: D($1 \mid 0 \mid 0$), G($2 \mid 5 \mid 3$), F($5 \mid 5 \mid 3$), H($2 \mid 2 \mid 3$)

11 a) $\vec{OD} = \vec{OA} + \vec{BC} = \begin{pmatrix} 2 \\ -1 \\ 3 \end{pmatrix}$

   D($2 \mid -1 \mid 3$)

   b) $\vec{OS} = \vec{OA} + 0{,}5\vec{AC} = \begin{pmatrix} 1 \\ 0{,}5 \\ 3 \end{pmatrix}$

   S($1 \mid 0{,}5 \mid 3$)

   Oder mit $\vec{OS} = \frac{1}{2}(\vec{OA} + \vec{OC})$

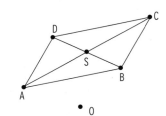

12 a) $\vec{OA} = \vec{OB} - \vec{AB} = \begin{pmatrix} -3 \\ 1 \\ 4 \end{pmatrix}$

   A($-3 \mid 1 \mid 4$)

   $\vec{OD} = \vec{OC} - \vec{AB} = \begin{pmatrix} 0 \\ 2 \\ -3 \end{pmatrix}$

   D($0 \mid 2 \mid -3$)

   b) $\vec{AC} = \begin{pmatrix} 5 \\ 2 \\ -8 \end{pmatrix}; \ \vec{BD} = \begin{pmatrix} 1 \\ 0 \\ -6 \end{pmatrix}$

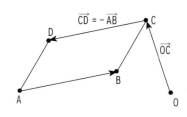

Lehrbuch Seite 42

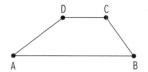

13 a) $\overrightarrow{AB} = \begin{pmatrix} 4 \\ 8 \\ 4 \end{pmatrix}$; $\overrightarrow{DC} = \begin{pmatrix} 2 \\ 4 \\ 2 \end{pmatrix}$ $\overrightarrow{AB} = 2\overrightarrow{DC}$

Die zwei Seiten AB und CD sind parallel.

Das Viereck ABCD ist ein Trapez.

$\overrightarrow{AB} \neq \overrightarrow{DC}$

Das Trapez ABCD ist kein Parallelogramm.

b) $\overrightarrow{OM} = \overrightarrow{OA} + \frac{1}{2}\overrightarrow{AC} = \begin{pmatrix} 4 \\ -1 \\ 3 \end{pmatrix} + \frac{1}{2}\begin{pmatrix} 4 \\ 8 \\ 5 \end{pmatrix} = \begin{pmatrix} 6 \\ 3 \\ 4,5 \end{pmatrix}$

Mittelpunkt M(6 | 3 | 4,5)

Oder mit $\overrightarrow{OM} = \frac{1}{2}(\overrightarrow{OA} + \overrightarrow{OC})$

14 $\overrightarrow{OS} = \frac{1}{2}(\overrightarrow{OA} + \overrightarrow{OC}) = \begin{pmatrix} 1 \\ 0 \\ 2 \end{pmatrix}$

Es gilt auch: $\overrightarrow{OS} = \frac{1}{2}(\overrightarrow{OB} + \overrightarrow{OD}) = \begin{pmatrix} 1 \\ 0 \\ 2 \end{pmatrix}$

Schnittpunkt S(1 | 0 | 2)

15 a) M(3 | 6 | 2,5)

b) $\overrightarrow{AB} = \overrightarrow{DM} = \begin{pmatrix} 1 \\ 4 \\ 2 \end{pmatrix}$ bzw. $\overrightarrow{AD} = \overrightarrow{BM} = \begin{pmatrix} 0 \\ 2 \\ -2,5 \end{pmatrix}$

Das Viereck ADMB ist ein Parallelogramm.

c) Mittelpunkt der Strecke AC: $\frac{1}{2}(\overrightarrow{OA} + \overrightarrow{OC}) = \begin{pmatrix} 2,5 \\ 4 \\ 1,5 \end{pmatrix}$

Mittelpunkt der Strecke DM: $\frac{1}{2}(\overrightarrow{OD} + \overrightarrow{OM}) = \begin{pmatrix} 2,5 \\ 4 \\ 1,5 \end{pmatrix}$

Die Strecken AC und DM haben den gleichen Mittelpunkt S(2,5 | 4 | 1,5).

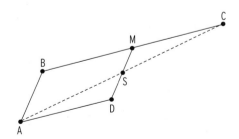

Lehrbuch Seite 42

16 a) Zeichnung

b) $M_1(1,5 \mid 2 \mid 0)$; $M_2(0 \mid 2 \mid 2,5)$

$$\overrightarrow{M_1M_2} = \overrightarrow{OM_2} - \overrightarrow{OM_1}$$

$$\overrightarrow{M_1M_2} = \begin{pmatrix} -1,5 \\ 0 \\ 2,5 \end{pmatrix}$$

$$\overrightarrow{AC} = \begin{pmatrix} -3 \\ 0 \\ 5 \end{pmatrix}$$

$$\overrightarrow{M_1M_2} = \tfrac{1}{2}\overrightarrow{AC}$$

Damit ist die Strecke M_1M_2

parallel zur Strecke AC und

halb so lang wie diese.

17 $\overrightarrow{AB} = \begin{pmatrix} 10 \\ 7 \\ 0,5 \end{pmatrix}$; $\overrightarrow{AT} = \begin{pmatrix} 50 \\ 35 \\ 1 \end{pmatrix}$

$\overrightarrow{AT}$ ist kein Vielfaches von $\overrightarrow{AB}$. Die Bergspitze T liegt nicht auf der Flugbahn.

Lehrbuch Seite 47

1 a) $|\vec{a}| = \sqrt{38}$ b) $|\vec{a}| = \sqrt{5}$ c) $|\vec{a}| = 3$ d) $|\vec{a}| = \sqrt{28}$

2 a) $\overrightarrow{AB} = \begin{pmatrix} 1 \\ 3 \\ 4 \end{pmatrix}$; $|\overrightarrow{AB}| = \sqrt{26}$ b) $\overrightarrow{AB} = \begin{pmatrix} 0 \\ 0 \\ 3 \end{pmatrix}$; $|\overrightarrow{AB}| = 3$

c) $\overrightarrow{AB} = \begin{pmatrix} -4 \\ 1 \\ -6 \end{pmatrix}$; $|\overrightarrow{AB}| = \sqrt{53}$ b) $\overrightarrow{AB} = \begin{pmatrix} 10 \\ -8 \\ -1 \end{pmatrix}$; $|\overrightarrow{AB}| = \sqrt{165}$

3 $\overrightarrow{AB} = \begin{pmatrix} 2 \\ 2 \\ 1 \end{pmatrix}$; $\overrightarrow{DC} = \begin{pmatrix} 2 \\ 2 \\ 1 \end{pmatrix}$; $\overrightarrow{AD} = \begin{pmatrix} -2 \\ 1 \\ 2 \end{pmatrix}$; $\overrightarrow{BC} = \begin{pmatrix} -2 \\ 1 \\ 2 \end{pmatrix}$

$\overrightarrow{AB} = \overrightarrow{DC}$ Das Viereck ABCD ist ein Parallelogramm.

$|\overrightarrow{AB}| = |\overrightarrow{DC}| = \overrightarrow{AD} = |\overrightarrow{BC}| = 3$ Das Viereck ABCD ist eine Raute.

$\overrightarrow{AB} \cdot \overrightarrow{AD} = 0$ Die Vektoren $\overrightarrow{AB}$ und $\overrightarrow{AD}$ stehen senkrecht aufeinander.

Das Viereck ABCD ist ein Quadrat.

4 a) $M(3 \mid 1 \mid 0,5)$; $\overrightarrow{CM} = \begin{pmatrix} 1,5 \\ -2 \\ -1 \end{pmatrix}$; $|\overrightarrow{CM}| = \sqrt{7,25}$

b) $\overrightarrow{AB} = \begin{pmatrix} -2 \\ 4 \\ -3 \end{pmatrix}$; $\overrightarrow{BC} = \begin{pmatrix} -0,5 \\ 0 \\ 2,5 \end{pmatrix}$; $\overrightarrow{AC} = \begin{pmatrix} -2,5 \\ 4 \\ -0,5 \end{pmatrix}$

$|\overrightarrow{AB}| = \sqrt{29}$; $|\overrightarrow{BC}| = \sqrt{6,5}$; $|\overrightarrow{AC}| = \sqrt{22,5}$

Das Dreieck ABC ist nicht gleichschenklig.

Lehrbuch Seite 47

5 a) $\cos(\alpha) = \dfrac{\vec{a} \cdot \vec{b}}{|\vec{a}| \cdot |\vec{b}|} = \dfrac{-16}{\sqrt{21} \cdot \sqrt{22}}$ $\qquad \alpha = 138{,}11°$

b) $\cos(\alpha) = \dfrac{\vec{a} \cdot \vec{b}}{|\vec{a}| \cdot |\vec{b}|} = \dfrac{-6}{\sqrt{20} \cdot \sqrt{22}}$ $\qquad \alpha = 106{,}62°$

6 $\overrightarrow{AB} = \begin{pmatrix} 6 \\ -2 \\ 4 \end{pmatrix}$; $\overrightarrow{AC} = \begin{pmatrix} 0 \\ -2 \\ 6 \end{pmatrix}$ $\cos(\alpha) = \dfrac{28}{\sqrt{56} \cdot \sqrt{40}}$ $\qquad \alpha = 53{,}73°$

7 a) $\vec{a} \cdot \vec{b} = 0$ $\qquad$ Die Vektoren $\vec{a}$ und $\vec{b}$ sind orthogonal zueinander.

b) $\vec{a} \cdot \vec{b} = -1 \neq 0$ $\qquad$ Die Vektoren $\vec{a}$ und $\vec{b}$ sind nicht orthogonal zueinander.

8 Z. B. $\vec{n} = \begin{pmatrix} 3 \\ 0 \\ 2 \end{pmatrix}$ Dann gilt: $\vec{n} \cdot \vec{a} = 0$

9 $\overrightarrow{AB} = \begin{pmatrix} -4 \\ -4 \\ -4 \end{pmatrix}$; $\overrightarrow{AC} = \begin{pmatrix} -1 \\ -1 \\ -6 \end{pmatrix}$ $\qquad \overrightarrow{AB} \cdot \vec{n} = 0$ und $\overrightarrow{AC} \cdot \vec{n} = 0$

Weiterer Vektor, der senkrecht auf $\overrightarrow{AB}$ und $\overrightarrow{AC}$ steht: $\vec{n}* = 2 \cdot \vec{n} = \begin{pmatrix} 2 \\ -2 \\ 0 \end{pmatrix}$

10 $\overrightarrow{AB} = \begin{pmatrix} 4 \\ -2 \\ -4 \end{pmatrix}$; $\overrightarrow{BC} = \begin{pmatrix} -2 \\ 4 \\ -4 \end{pmatrix}$; $\overrightarrow{AC} = \begin{pmatrix} 2 \\ 2 \\ -8 \end{pmatrix}$

$|\overrightarrow{AB}| = |\overrightarrow{BC}| = 6$ $\quad$ Das Dreieck ABC ist gleichschenklig.

$\overrightarrow{AB} \cdot \overrightarrow{BC} = 0$ $\qquad$ Das Dreieck ABC ist rechtwinklig mit

$\qquad\qquad\qquad$ dem rechten Winkel in B.

Lehrbuch Seite 51

1 a) $\vec{a} \times \vec{b} = \begin{pmatrix} -9 \\ -5 \\ 3 \end{pmatrix}$ $\qquad$ b) $\vec{a} \times \vec{b} = \begin{pmatrix} -8 \\ 10 \\ -4 \end{pmatrix}$ $\qquad$ c) $\vec{a} \times \vec{b} = \begin{pmatrix} -7 \\ -12 \\ 11 \end{pmatrix}$

2 a) $\vec{a} \times \vec{b} = \begin{pmatrix} -3 \\ -8 \\ -6 \end{pmatrix}$ $\qquad$ b) $\vec{b} \times \vec{a} = \begin{pmatrix} 3 \\ 8 \\ 6 \end{pmatrix}$ $\qquad$ c) $\vec{c} \times \vec{a} = \begin{pmatrix} -1 \\ -26 \\ -16 \end{pmatrix}$

d) $(\vec{a} \times \vec{b}) \times \vec{c} = \begin{pmatrix} -36 \\ -15 \\ 38 \end{pmatrix}$ $\quad$ e) $\vec{a} \times \vec{b} + \vec{c} = \begin{pmatrix} 1 \\ -10 \\ -3 \end{pmatrix}$ $\qquad$ f) $5 \cdot (\vec{a} \times \vec{c}) = \begin{pmatrix} 5 \\ 130 \\ 80 \end{pmatrix}$

g) $(\vec{b} \times \vec{a}) \cdot \vec{c} = 14$ $\qquad$ h) $(\vec{a} \cdot \vec{c}) \cdot (\vec{a} \times \vec{b}) = 13 \cdot (\vec{a} \times \vec{b}) = \begin{pmatrix} -39 \\ -104 \\ -78 \end{pmatrix}$

3 $\vec{n} = \vec{a} \times \vec{b} = \begin{pmatrix} 16 \\ 8 \\ -8 \end{pmatrix}$

Lehrbuch Seite 51

4 a) $\vec{n} = \vec{a} \times \vec{b} = \begin{pmatrix} -2 \\ -10 \\ -6 \end{pmatrix}$ b) $\vec{n} = \begin{pmatrix} -2 \\ 2 \\ 7 \end{pmatrix}$ c) $\vec{n} = \begin{pmatrix} 0 \\ 0 \\ 1 \end{pmatrix}$

5 $\vec{n} = 3 \cdot \begin{pmatrix} 7 \\ -1 \\ 6 \end{pmatrix} = \begin{pmatrix} 21 \\ -3 \\ 18 \end{pmatrix}$

$\vec{v} = k\vec{w}$ Die Vektoren $\vec{v}$ und $\vec{w}$ sind linear abhängig.

6 a) $\vec{a} \times \vec{b} = \vec{c}$

$\vec{a} \cdot \vec{c} = 0; \vec{b} \cdot \vec{c} = 0$

Der Vektor $\vec{c}$ steht senkrecht auf den Vektoren $\vec{a}$ und $\vec{b}$.

b) $\vec{a} \times \vec{b} = \begin{pmatrix} -10 \\ -3 \\ 12 \end{pmatrix} = \frac{1}{2} \cdot \vec{c}$ Der Vektor $\vec{c}$ ist ein Vielfaches des Vektors $\vec{a} \times \vec{b}$.

$\vec{a} \cdot \vec{c} = 0; \vec{b} \cdot \vec{c} = 0$

Der Vektor $\vec{c}$ steht senkrecht auf den Vektoren $\vec{a}$ und $\vec{b}$.

7 $\overrightarrow{AB} = \begin{pmatrix} -2 \\ -1 \\ -2 \end{pmatrix}; \overrightarrow{BC} = \begin{pmatrix} 3 \\ -4 \\ 0 \end{pmatrix}$ $\overrightarrow{AB} \cdot \vec{n} = 0$ und $\overrightarrow{BC} \cdot \vec{n} = 0$

Der Vektor $\vec{n}$ steht senkrecht auf $\overrightarrow{AB}$ und auf $\overrightarrow{BC}$.

8 $\overrightarrow{AB} = \begin{pmatrix} -1 \\ -1 \\ -6 \end{pmatrix}; \overrightarrow{AC} = \begin{pmatrix} -4 \\ -4 \\ -4 \end{pmatrix}$

$\vec{u} = \overrightarrow{AB} \times \overrightarrow{AC} = \begin{pmatrix} -20 \\ 20 \\ 0 \end{pmatrix}$ $\vec{v} = \frac{1}{20} \cdot \vec{u} = \begin{pmatrix} -1 \\ 1 \\ 0 \end{pmatrix}$

Die Vektoren $\vec{u}$ und $\vec{v}$ sind linear abhängig, d. h., $\vec{u} = k \cdot \vec{v}$.

9 $\overrightarrow{AB} = \begin{pmatrix} 1 \\ 3 \\ 1 \end{pmatrix}; \overrightarrow{AC} = \begin{pmatrix} 2 \\ 4 \\ 3 \end{pmatrix}; \vec{n} = \begin{pmatrix} 5 \\ -1 \\ -2 \end{pmatrix}$

$\overrightarrow{AB} \cdot \vec{n} = 0$ und $\overrightarrow{AC} \cdot \vec{n} = 0$

Der Normalenvektor zeigt in Richtung der Sonnenstrahlen.

Die Sonnenstrahlen treffen senkrecht auf das Sonnensegel.

Alternative: $\vec{n} = \overrightarrow{AB} \times \overrightarrow{AC} = \begin{pmatrix} 5 \\ -1 \\ -2 \end{pmatrix}$

Lehrbuch Seite 56

1 a) $g: \vec{x} = \begin{pmatrix} -3 \\ 2 \\ 1 \end{pmatrix} + r\begin{pmatrix} 10 \\ -4 \\ 0 \end{pmatrix}; r \in \mathbb{R}$　　　b) $g: \vec{x} = \begin{pmatrix} 0 \\ 0 \\ 3 \end{pmatrix} + r\begin{pmatrix} -2 \\ 1 \\ 2 \end{pmatrix}; r \in \mathbb{R}$

c) $g: \vec{x} = \begin{pmatrix} 5 \\ 0 \\ 0 \end{pmatrix} + r\begin{pmatrix} -5 \\ 4 \\ 1 \end{pmatrix}; r \in \mathbb{R}$

2 $g: \vec{x} = \overrightarrow{OA} + r\overrightarrow{AB}$　　　$\vec{x} = \begin{pmatrix} 1 \\ 2 \\ 0 \end{pmatrix} + r\begin{pmatrix} 6 \\ 0 \\ 0 \end{pmatrix}; r \in \mathbb{R}$ bzw. $\vec{x} = \begin{pmatrix} 1 \\ 2 \\ 0 \end{pmatrix} + s\begin{pmatrix} 1 \\ 0 \\ 0 \end{pmatrix}; s \in \mathbb{R}$

Die Gerade g liegt in der $x_1 x_2$-Ebene ($x_3 = 0$).

g verläuft parallel zur x_1-Achse.

Für z. B. s = 0,5 erhält man einen Punkt auf der Geraden zwischen A und B:

C(1,5 | 2 | 0).

Bemerkung: Für 0 < s < 1 erhält man Punkte auf der Geraden zwischen A und B.

Richtungsvektor: $\vec{u} = \overrightarrow{OA} = \begin{pmatrix} 1 \\ 2 \\ 0 \end{pmatrix}$

Ursprungsgerade durch A: $\vec{x} = r\begin{pmatrix} 1 \\ 2 \\ 0 \end{pmatrix}; r \in \mathbb{R}$

3 A (für s = 1) und B (für s = 4) liegen auf g.

C liegt nicht auf g, da die Punktprobe kein s ergibt.

Gerade h verläuft durch O und ist parallel zur Strecke AC

Richtungsvektor:　　　　　　　　　　$\overrightarrow{AC} = \begin{pmatrix} -17 \\ -14 \\ 3 \end{pmatrix}$

Gleichung von h:　　　　　　　　　　$\vec{x} = r\begin{pmatrix} -17 \\ -14 \\ 3 \end{pmatrix}; r \in \mathbb{R}$

4 Mittelpunkt M der Strecke AC:　　　M(1 | − 4 | − 3)

Gerade g durch B und M:　　　　　　$\vec{x} = \begin{pmatrix} 1 \\ -4 \\ -3 \end{pmatrix} + r\begin{pmatrix} -2 \\ 0 \\ -2 \end{pmatrix}; r \in \mathbb{R}$

oder:　　　　　　　　　　　　　　　$\vec{x} = \begin{pmatrix} 3 \\ -4 \\ -1 \end{pmatrix} + s\begin{pmatrix} 1 \\ 0 \\ 1 \end{pmatrix}; s \in \mathbb{R}$

Lehrbuch Seite 56

5 a) Gerade g durch A und B: $\qquad \vec{x} = \begin{pmatrix} -2 \\ -3 \\ 2 \end{pmatrix} + r\begin{pmatrix} 4 \\ 4 \\ 0 \end{pmatrix}$

      Punktprobe mit C: $\qquad \begin{pmatrix} -6 \\ -7 \\ 2 \end{pmatrix} = \begin{pmatrix} -2 \\ -3 \\ 2 \end{pmatrix} + r\begin{pmatrix} 4 \\ 4 \\ 0 \end{pmatrix}$

      Lösung der Vektorgleichung: $\qquad r = -1$

      Da es ein r gibt, liegt der Punkt C auf g.

      Für $0 < r < 1$ liegen die Punkte zwischen A und B.

      Da $r = -1 < 0$ liegt C nicht zwischen A und B.

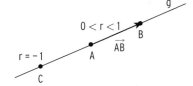

   b) $r\begin{pmatrix} 4 \\ 4 \\ 0 \end{pmatrix} = 4r\begin{pmatrix} 1 \\ 1 \\ 0 \end{pmatrix} = s\begin{pmatrix} 1 \\ 1 \\ 0 \end{pmatrix}$ mit $s = 4r$

      Für $0 \le r \le 1$ ergibt sich $0 \le s \le 4$

6 a) Gerade g durch A und B: $\qquad \vec{x} = \begin{pmatrix} 4 \\ 3 \\ 2 \end{pmatrix} + r\begin{pmatrix} -6 \\ -6 \\ 0 \end{pmatrix}$

      bzw. $\vec{x} = \begin{pmatrix} -2 \\ -3 \\ 2 \end{pmatrix} + s\begin{pmatrix} 1 \\ 1 \\ 0 \end{pmatrix}$

   b) Gleichung von h: $\qquad \vec{x} = \begin{pmatrix} 4 \\ 3 \\ 2 \end{pmatrix} + t\begin{pmatrix} 0 \\ 1 \\ 0 \end{pmatrix}; t \in \mathbb{R}$

7 Gerade h durch A und B: $\qquad \vec{x} = \overrightarrow{OA} + r(\overrightarrow{OB} - \overrightarrow{OA})$

                            $\vec{x} = \begin{pmatrix} 1 \\ -4 \\ 2 \end{pmatrix} + r\begin{pmatrix} 2 \\ 2 \\ 3 \end{pmatrix}; r \in \mathbb{R}$

Alternative: $\overrightarrow{AB} = \begin{pmatrix} 2 \\ 2 \\ 3 \end{pmatrix}; \overrightarrow{AC} = \begin{pmatrix} 4 \\ 4 \\ 8 \end{pmatrix}$ und damit gilt: $\overrightarrow{AC} = 2\overrightarrow{AB}$

Punktprobe mit C ergibt eine wahre Aussage für $r = 2$.

C liegt wegen $r = 2$ nicht zwischen A und B (nicht auf der Strecke AB).

Für $0 \le r \le 1$ erhält man Punkte auf der Strecke AB.

Lehrbuch Seite 56

8 a) A liegt auf g (A $\in$ g); A liegt nicht auf h (A $\notin$ h)

Punktprobe mit S ergibt jeweils eine wahre Aussage (r = 1; s = $-$ 1).

S ist der Schnittpunkt von g und h.

b) Weitere Geraden durch S (Aufpunkt S; Richtungsvektoren sind nicht parallel)

$$g_1: \vec{x} = \begin{pmatrix} -2 \\ 1 \\ 1 \end{pmatrix} + r \begin{pmatrix} 1 \\ 1 \\ 4 \end{pmatrix}; r \in \mathbb{R}$$

$$g_2: \vec{x} = \begin{pmatrix} -2 \\ 1 \\ 1 \end{pmatrix} + s \begin{pmatrix} 0 \\ 0 \\ 3 \end{pmatrix}; r \in \mathbb{R}$$

9 Da die Punkte auf einer Geraden liegen, genügt es, zwei verschiedene Punkte zu wählen und die Gerade durch diese zwei Punkte zu bestimmen.

Zwei Punkte: a = 0: A(0 | 2 | 1)

a = 1: B($-$ 1 | 1 | 1)

Gerade g durch A und B: $\vec{x} = \begin{pmatrix} 0 \\ 2 \\ 1 \end{pmatrix} + r \begin{pmatrix} -1 \\ -1 \\ 0 \end{pmatrix}; r \in \mathbb{R}$

Alternative: $\vec{x} = \begin{pmatrix} -a \\ 2-a \\ 1 \end{pmatrix} = \begin{pmatrix} 0 \\ 2 \\ 1 \end{pmatrix} + a \begin{pmatrix} -1 \\ -1 \\ 0 \end{pmatrix}; a \in \mathbb{R}$

Gleichung von g: $\vec{x} = \begin{pmatrix} 0 \\ 2 \\ 1 \end{pmatrix} + a \begin{pmatrix} -1 \\ -1 \\ 0 \end{pmatrix}; a \in \mathbb{R}$

10 P(3 | t | t), Gerade g: $\vec{x} = \begin{pmatrix} 1 \\ 1 \\ -3 \end{pmatrix} + r \begin{pmatrix} -1 \\ 3 \\ 1 \end{pmatrix}$

Punktprobe mit P: $\begin{pmatrix} 1 \\ 1 \\ -3 \end{pmatrix} + r \begin{pmatrix} -1 \\ 3 \\ 1 \end{pmatrix} = \begin{pmatrix} 3 \\ t \\ t \end{pmatrix}$

$$r \begin{pmatrix} -1 \\ 3 \\ 1 \end{pmatrix} = \begin{pmatrix} 2 \\ t-1 \\ t+3 \end{pmatrix} \qquad \Rightarrow r = -2$$

Einsetzen von r = $-$ 2 ergibt: $\begin{pmatrix} 2 \\ -6 \\ -2 \end{pmatrix} = \begin{pmatrix} 2 \\ t-1 \\ t+3 \end{pmatrix}$ $\Rightarrow t = -5$
$\Rightarrow t = -5$

Für t = $-$ 5 liegt der Punkt auf der Geraden.

3 Ott, Bohner, Deusch - ISBN 978-3-8120-3638-2

Lehrbuch Seite 58

1 a) $S_{12}(5 \mid 0 \mid 0)$; $S_{13}(5 \mid 0 \mid 0)$; $S_{23}(0 \mid 2,5 \mid -5)$

   b) $S_{12}(-8,75 \mid 0,25 \mid 0)$; $S_{13}(-5 \mid 0 \mid 3)$; $S_{23}(0 \mid \frac{1}{3} \mid 7)$

   c) $S_{23}(0 \mid 5 \mid 7)$

   g verläuft parallel zur x_1-Achse durch den Punkt $P(-3 \mid 5 \mid 7)$.

   g schneidet nicht die $x_1 x_2$-Ebene und nicht die $x_1 x_3$-Ebene.

   d) $S_{13}(2 \mid 0 \mid 0)$; $S_{23}(0 \mid -\frac{8}{3} \mid 0)$

   g verläuft parallel zur $x_1 x_2$-Ebene durch den Punkt $P(2 \mid 0 \mid 0)$,

   d. h., g liegt in der $x_1 x_2$-Ebene. Jeder Geradenpunkt kann als Spurpunkt

   von g mit der $x_1 x_2$-Ebene aufgefasst werden.

2 Nur zwei Spurpunkte: g ist parallel zu einer Koordinatenebene.

   Nur einen Spurpunkt: g ist parallel zu einer Koordinatenachse.

3 $x_2 = 0 \Leftrightarrow t = 1$ und damit $S(2 \mid 0 \mid -1)$

4 Am Richtungsvektor von g sieht man, dass g parallel zur x_2-Achse verläuft.
   Die Gerade g liegt in keiner der Koordinatenebenen. Folglich hat g nur einen
   Spurpunkt. Dieser liegt in der $x_1 x_3$-Ebene.

   $g \cap x_1 x_3$-Ebene: $x_2 = 0 \Leftrightarrow 1 + r = 0 \Leftrightarrow r = -1$

   Somit ist $S(3 \mid 0 \mid -1)$ der Spurpunkt von g.

5 g_{AP}: $\vec{x} = \begin{pmatrix} 0 \\ 8 \\ 2 \end{pmatrix} + r \begin{pmatrix} 1 \\ 2 \\ -1 \end{pmatrix}$; $r \in \mathbb{R}$ $S_{13}(-4 \mid 0 \mid 6) = A'$

   g_{BP}: $\vec{x} = \begin{pmatrix} 0 \\ 8 \\ 2 \end{pmatrix} + s \begin{pmatrix} 2 \\ -4 \\ 2 \end{pmatrix}$; $s \in \mathbb{R}$ $S_{13}(4 \mid 0 \mid 6) = B'$

   g_{CP}: $\vec{x} = \begin{pmatrix} 0 \\ 8 \\ 2 \end{pmatrix} + t \begin{pmatrix} 1 \\ 4 \\ 1 \end{pmatrix}$; $t \in \mathbb{R}$ $S_{13}(-2 \mid 0 \mid 0) = C'$

6 $A(6 \mid 3 \mid 7)$; $B(0 \mid 3 \mid 7)$; Lichtquelle $P(3 \mid 0 \mid 12)$

   g_{AP}: $\vec{x} = \begin{pmatrix} 3 \\ 0 \\ 12 \end{pmatrix} + r \begin{pmatrix} 3 \\ 3 \\ -5 \end{pmatrix}$; $r \in \mathbb{R}$ $x_3 = 0 \Rightarrow r = 2,4$

   $S_{12}(10,2 \mid 7,2 \mid 0) = A'$

   g_{BP}: $\vec{x} = \begin{pmatrix} 3 \\ 0 \\ 12 \end{pmatrix} + s \begin{pmatrix} 3 \\ -3 \\ 5 \end{pmatrix}$; $s \in \mathbb{R}$ $x_3 = 0 \Rightarrow s = -2,4$

   $S_{12}(-4,2 \mid 7,2 \mid 0) = B'$

Lehrbuch Seite 64

1 a) g und h schneiden sich in genau einem Punkt (r = 2; s = − 1): S(− 5 | 2 | 3)

  b) Die Richtungsvektoren von g und h sind parallel.

    g und h sind parallel und verschieden.

  c) g und h sind identisch.

  d) g und h sind windschief.

2   $g: \vec{x} = \begin{pmatrix} 0 \\ 5 \\ 0 \end{pmatrix} + r\begin{pmatrix} 0 \\ -5 \\ 5 \end{pmatrix}$ $h: \vec{x} = \begin{pmatrix} -1 \\ 4 \\ 3 \end{pmatrix} + s\begin{pmatrix} 6 \\ 1 \\ -2 \end{pmatrix}$

Die Richtungsvektoren von g und h sind linear unabhängig, da es kein k $\in$ ℝ

gibt mit $\begin{pmatrix} 0 \\ -5 \\ 5 \end{pmatrix} = k\begin{pmatrix} 6 \\ 1 \\ -2 \end{pmatrix}$.

Punktprobe mit P(0 | 5 | 0) in h: $\begin{pmatrix} 0 \\ 5 \\ 0 \end{pmatrix} = \begin{pmatrix} -1 \\ 4 \\ 3 \end{pmatrix} + s\begin{pmatrix} 6 \\ 1 \\ -2 \end{pmatrix} \Leftrightarrow \begin{pmatrix} 1 \\ 1 \\ -3 \end{pmatrix} = s\begin{pmatrix} 6 \\ 1 \\ -2 \end{pmatrix}$

Es gibt kein s, sodass diese Vektorgleichung erfüllt ist.

g und h sind windschief.

3 Die Gerade g verläuft parallel zur x_1-Achse durch den Punkt A(− 4 | 1 | 4).

- Die Gerade h schneidet g in einem Punkt.

  Als Aufpunkt von h kann man den Punkt A wählen (gemeinsamer Punkt)

  und als Richtungsvektor wählt man einen Vektor, der nicht parallel zu

  g ist, z. B. $\begin{pmatrix} 0 \\ 1 \\ 0 \end{pmatrix}$. h ist parallel zur x_2-Achse und verläuft durch A(− 4 | 1 | 4).

  $h: \vec{x} = \begin{pmatrix} -4 \\ 1 \\ 4 \end{pmatrix} + r\begin{pmatrix} 0 \\ 1 \\ 0 \end{pmatrix}; r \in ℝ$

- Die Gerade k verläuft (echt) parallel zu g

  Die Richtungsvektoren von h und g sind parallel.

  Man kann somit den Richtungsvektor von g auch als Richtungsvektor von

  h wählen. Als Aufpunkt von h wählt man einen Punkt, der nicht auf g liegt,

  z. B. B(− 4 | 1 | 5).

  $k: \vec{x} = \begin{pmatrix} -4 \\ 1 \\ 5 \end{pmatrix} + s\begin{pmatrix} 1 \\ 0 \\ 0 \end{pmatrix}; s \in ℝ$

- Die Gerade p ist zu g windschief.

  Aufpunkt B(− 4 | 1 | 5); Richtungsvektor z. B. $\begin{pmatrix} 0 \\ 1 \\ 0 \end{pmatrix}$

  $p: \vec{x} = \begin{pmatrix} -4 \\ 1 \\ 5 \end{pmatrix} + s\begin{pmatrix} 0 \\ 1 \\ 0 \end{pmatrix}; s \in ℝ$

Lehrbuch Seite 64

4 g_{AB}: $\vec{x} = \overrightarrow{OA} + r\overrightarrow{AB}$; $r \in \mathbb{R}$

g_{AB}: $\vec{x} = \begin{pmatrix} -1 \\ 0 \\ 0 \end{pmatrix} + r\begin{pmatrix} 4 \\ 4 \\ 0 \end{pmatrix}$; $r \in \mathbb{R}$ $\qquad$ g_{CD}: $\vec{x} = \begin{pmatrix} 0 \\ 3 \\ -4 \end{pmatrix} + s\begin{pmatrix} 1 \\ -1 \\ 4 \end{pmatrix}$; $s \in \mathbb{R}$

Schnittpunkt S(1 | 2 | 0) für $r = \frac{1}{2}$ und s = 1

$r = \frac{1}{2}$: Da 0 < r < 1, liegt S zwischen A und B.

5 a) $\vec{u} \cdot \vec{v} = \begin{pmatrix} 1 \\ 4 \\ -1 \end{pmatrix} \cdot \begin{pmatrix} 3 \\ 1 \\ 7 \end{pmatrix} = 0$

Die Geraden g und h schneiden sich senkrecht.

b) $\vec{u} \cdot \vec{v} = \begin{pmatrix} 1 \\ 0 \\ 5 \end{pmatrix} \cdot \begin{pmatrix} 2 \\ 1 \\ 3 \end{pmatrix} = 17 \neq 0$

Die Geraden g und h schneiden sich nicht senkrecht.

6 Der Richtungsvektor von h steht senkrecht auf dem Richtungsvektor von g.

a) Richtungsvektor von h z. B.: $\qquad$ $\vec{n} = \begin{pmatrix} 0 \\ 1 \\ 0 \end{pmatrix}$

Gleichung von h: $\qquad$ $\vec{x} = \begin{pmatrix} 6 \\ 4 \\ 0 \end{pmatrix} + r\begin{pmatrix} 0 \\ 1 \\ 0 \end{pmatrix}$; $r \in \mathbb{R}$

b) Richtungsvektor von h z. B.: $\qquad$ $\vec{n} = \begin{pmatrix} -1 \\ 2 \\ 0 \end{pmatrix}$

Gleichung von h: $\qquad$ $\vec{x} = \begin{pmatrix} -3 \\ 1 \\ 7 \end{pmatrix} + r\begin{pmatrix} -1 \\ 2 \\ 0 \end{pmatrix}$; $r \in \mathbb{R}$

Lehrbuch Seite 65

7 a) Gleichung von h_{AB}: $\qquad$ $\vec{x} = \begin{pmatrix} 6 \\ 6 \\ 0 \end{pmatrix} + s\begin{pmatrix} -4 \\ 2 \\ 0 \end{pmatrix}$; $s \in \mathbb{R}$

bzw. $\qquad$ $\vec{x} = \begin{pmatrix} 6 \\ 6 \\ 0 \end{pmatrix} + r\begin{pmatrix} -2 \\ 1 \\ 0 \end{pmatrix}$; $r \in \mathbb{R}$

Punktprobe mit C ergibt eine wahre Aussage.

b) Schnittpunkt von g und h: $\qquad$ S(17 | 0,5 | 0)

Der Punkt S liegt in der $x_1 x_2$-Ebene.

Lehrbuch Seite 65

7 c) Die Gerade k ist parallel zu g.

Da g nicht parallel zu h ist, ist auch k nicht parallel zu h.

k und h sind entweder windschief oder sie schneiden sich in genau

einem Punkt.

Erst die Berechnung (k: $\vec{x} = r \begin{pmatrix} -8 \\ 1 \\ 1 \end{pmatrix}$) zeigt, dass k und h windschief sind.

d) Die Gerade h liegt in der x_1x_2-Ebene und verläuft nicht durch den Ursprung.

Daher schneidet h die x_3-Achse nicht. h ist weder zur x_1-Achse

noch zur x_2-Achse parallel.

Somit muss h die x_1-Achse und die x_2-Achse schneiden.

Schnittpunkte: $S_1(18 \mid 0 \mid 0)$; $S_2(0 \mid 9 \mid 0)$

8 Gleichung von g:
$$\vec{x} = \begin{pmatrix} 2 \\ 1 \\ 1 \end{pmatrix} + r \begin{pmatrix} -3 \\ 2 \\ -1 \end{pmatrix}; r \in \mathbb{R}$$

Gleichung von h:
$$\vec{x} = \begin{pmatrix} 1 \\ 2 \\ 0 \end{pmatrix} + s \begin{pmatrix} 0 \\ 0 \\ 1 \end{pmatrix}; s \in \mathbb{R}$$

Die Gleichung $\begin{pmatrix} -3 \\ 2 \\ -1 \end{pmatrix} = k \cdot \begin{pmatrix} 0 \\ 0 \\ 1 \end{pmatrix}$ ist unlösbar.

Die Richtungsvektoren und damit die Geraden sind nicht parallel.

Gleichsetzen ergibt ein LGS für r und s:
$$\left(\begin{array}{cc|c} 0 & 3 & 1 \\ 0 & 2 & -1 \\ 1 & 1 & 1 \end{array} \right) \sim \left(\begin{array}{cc|c} 0 & 0 & -1 \\ 0 & -2 & -1 \\ 1 & 1 & 1 \end{array} \right)$$

Das LGS ist unlösbar.

Ergebnis: Die Geraden g und h sind windschief.

9 a) g und h sind parallel, wenn der Richtungsvektor von g ein Vielfaches des

Richtungsvektors von h ist.

$\begin{pmatrix} 1 \\ 2 \\ -2 \end{pmatrix} = s \begin{pmatrix} -1 \\ 0 \\ a \end{pmatrix}$ 2. Zeile: 2 = 0 unlösbar.

Die Richtungsvektoren sind nicht parallel.

Es gibt kein a, so dass g parallel zu h ist.

Lehrbuch Seite 65

9 b) Gleichsetzen

$$\begin{pmatrix} 0 \\ 0 \\ -4 \end{pmatrix} + r\begin{pmatrix} 1 \\ 2 \\ -2 \end{pmatrix} = \begin{pmatrix} k-1 \\ 2k-2 \\ 4-3k \end{pmatrix}$$

LGS für r und k:

$$\begin{array}{cc} r & k \end{array}$$
$$\left(\begin{array}{cc|c} 1 & -1 & -1 \\ 2 & -2 & -2 \\ -2 & 3 & 8 \end{array}\right) \sim \left(\begin{array}{cc|c} 1 & -1 & -1 \\ 0 & 1 & 6 \\ 0 & 0 & 0 \end{array}\right)$$

Lösung des LGS: $k = 6$; $r = 5$

Für $k = 6$ liegt der Punkt A auf g.

10 a) Die Richtungsvektoren sind parallel: $\begin{pmatrix} 2 \\ 1 \\ 0 \end{pmatrix} = t\begin{pmatrix} 1 \\ a \\ b \end{pmatrix}$

Dies ist erfüllt für $t = 2$, $a = 0{,}5$ und $b = 0$.

Für $a = 0{,}5$ und $b = 0$ ist g_2 parallel zu g_1.

g_1 liegt in der $x_1 x_2$-Ebene.

Der Aufpunkt $A(0 \mid 0 \mid 1)$ von g_2 liegt aber nicht in der $x_1 x_2$-Ebene.

$g_1 = g_2$ ist nicht möglich.

b) Die Punktprobe ergibt: $s = 8$; $a = \frac{3}{8}$; $b = -\frac{1}{8}$

11 Schnittpunkt von g und h:

$$\begin{pmatrix} 3 \\ 0 \\ 0{,}5 \end{pmatrix} + r\begin{pmatrix} -2 \\ 1 \\ 1 \end{pmatrix} = \begin{pmatrix} 4 \\ 3 \\ 1{,}5 \end{pmatrix} + s\begin{pmatrix} -1 \\ -0{,}2 \\ 0{,}2 \end{pmatrix}$$

LGS für r und s:

$$\begin{array}{cc} r & s \end{array}$$
$$\left(\begin{array}{cc|c} -2 & 1 & 1 \\ 1 & 0{,}2 & 3 \\ 1 & -0{,}2 & 1 \end{array}\right) \sim \left(\begin{array}{cc|c} -2 & 1 & 1 \\ 0 & 1{,}4 & 7 \\ 0 & 0 & 0 \end{array}\right)$$

Auflösung: $s = 5$; $r = 2$

Schnittpunkt: $S(-1 \mid 2 \mid 2{,}5)$

Die Laserstrahlen würden sich hinter dem Hindernis treffen.

Lehrbuch Seite 67

1 a) Flugbahn für das Flugzeug A: $\vec{x} = \overrightarrow{OP} + r(\overrightarrow{OQ} - \overrightarrow{OP})$

$$\vec{x} = \begin{pmatrix} 24 \\ 30 \\ 0 \end{pmatrix} + r\begin{pmatrix} -18 \\ -9 \\ 18 \end{pmatrix}; r \geq 0$$

Flugbahn für das Flugzeug B: $\vec{x} = \overrightarrow{OR} + s(\overrightarrow{OT} - \overrightarrow{OR})$

$$\vec{x} = \begin{pmatrix} -10 \\ 46 \\ 1 \end{pmatrix} + s\begin{pmatrix} 18 \\ -18 \\ 9 \end{pmatrix}; s \geq 0$$

Schnittpunkt der Flugbahnen: $S(12 \mid 24 \mid 12)$ für $s = \frac{11}{9}$ und $r = \frac{2}{3}$

Die Flugzeuge stoßen nicht zusammen, da sie zu unterschiedlichen Zeiten $(s \neq r)$ im Punkt S sind.

Lehrbuch Seite 67

1 b) Nach der halben Zeiteinheit $(t = \frac{1}{2})$: $\quad \vec{x} = \begin{pmatrix} 24 \\ 30 \\ 0 \end{pmatrix} + 0{,}5 \begin{pmatrix} -18 \\ -9 \\ 18 \end{pmatrix} = \begin{pmatrix} 15 \\ 25{,}5 \\ 9 \end{pmatrix}$

Die Position nach einer halben Zeiteinheit ist $P_1(15 \mid 25{,}5 \mid 9)$.

Nach der halben Zeiteinheit $(t = \frac{1}{2})$: $\quad \vec{x} = \begin{pmatrix} -10 \\ 46 \\ 1 \end{pmatrix} + \frac{1}{2} \cdot \frac{1}{3} \begin{pmatrix} 18 \\ -18 \\ 9 \end{pmatrix}$

$$\vec{x} = \begin{pmatrix} -10 \\ 46 \\ 1 \end{pmatrix} + \frac{1}{6} \begin{pmatrix} 18 \\ -18 \\ 9 \end{pmatrix} = \begin{pmatrix} -7 \\ 43 \\ 2{,}5 \end{pmatrix}$$

Die Position nach einer halben Zeiteinheit ist $P_2(-7 \mid 43 \mid 2{,}5)$.

2 Zeitpunkt des Auftauchens

Bedingung: $x_3 = 0$ $\qquad\qquad\qquad -0{,}4 + 0{,}5t = 0$

$\qquad\qquad\qquad\qquad\qquad\qquad t = 0{,}8$

Nach 48 Minuten würde der Wal auftauchen.

Der Wal verfehlt den Fischschwarm nicht, wenn er das Zentrum S trifft.

Punktprobe mit $S(3 \mid 0 \mid -0{,}15)$: $\qquad \begin{pmatrix} 3 \\ 0 \\ -0{,}15 \end{pmatrix} = \begin{pmatrix} 2 \\ 1 \\ -0{,}4 \end{pmatrix} + t \begin{pmatrix} 2 \\ -2 \\ 0{,}5 \end{pmatrix}$

Lösung der Vektorgleichung: $\qquad t = 0{,}5$

Da diese Vektorgleichung lösbar ist, verfehlt der Wal den Fischschwarm nicht.

Nach 30 Minuten ist der Wal beim Fischschwarm.

3 Der Laserstrahl von Robert verläuft auf der

Geraden g mit der Gleichung: $\qquad \vec{x} = \begin{pmatrix} 4 \\ 2 \\ 1{,}4 \end{pmatrix} + r \begin{pmatrix} -1 \\ 0{,}4 \\ 0{,}2 \end{pmatrix}; r \in \mathbb{R}$

Der Laserstrahl von Maraia verläuft auf der

Geraden h mit der Gleichung: $\qquad \vec{x} = \begin{pmatrix} 3 \\ 4 \\ 2 \end{pmatrix} + s \begin{pmatrix} -3 \\ -1{,}2 \\ 0 \end{pmatrix}; s \in \mathbb{R}$

Schnittpunkt von g und h: $\qquad S(1 \mid 3{,}2 \mid 2)$

4 Geradengleichung: $\qquad\qquad \vec{x} = \begin{pmatrix} 39 \\ 3 \\ 36 \end{pmatrix} + r \begin{pmatrix} 1 \\ -3 \\ -6 \end{pmatrix}$

Spurpunkt S_{12} für $r = 6$: $\qquad S_{12}(45 \mid -15 \mid 0)$

Die Maus befindet sich im Punkt $S_{12}(45 \mid -15 \mid 0)$.

Lehrbuch Seite 73

1 a) $E: \vec{x} = \begin{pmatrix} 1 \\ -2 \\ 2 \end{pmatrix} + r*\begin{pmatrix} -2 \\ 3 \\ 3 \end{pmatrix} + s*\begin{pmatrix} 4 \\ 3 \\ 6 \end{pmatrix}$ b) $E: \vec{x} = \begin{pmatrix} 1 \\ 0 \\ 0 \end{pmatrix} + r*\begin{pmatrix} 1 \\ 2 \\ 3 \end{pmatrix} + s*\begin{pmatrix} 1 \\ -4 \\ 5 \end{pmatrix}$

2 a) $\vec{x} = \overrightarrow{OA} + r(\overrightarrow{OB} - \overrightarrow{OA}) + s(\overrightarrow{OC} - \overrightarrow{OA})$ $\vec{x} = \begin{pmatrix} 1 \\ 1 \\ 1 \end{pmatrix} + r\begin{pmatrix} 2 \\ 0 \\ 1 \end{pmatrix} + s\begin{pmatrix} -1 \\ 2 \\ 2 \end{pmatrix}$

$\vec{x} = \overrightarrow{OC} + r(\overrightarrow{OB} - \overrightarrow{OC}) + s(\overrightarrow{OA} - \overrightarrow{OC})$ $\vec{x} = \begin{pmatrix} 0 \\ 3 \\ 3 \end{pmatrix} + r\begin{pmatrix} 3 \\ -2 \\ -1 \end{pmatrix} + s\begin{pmatrix} 1 \\ -2 \\ -2 \end{pmatrix}$

b) $\vec{x} = r\begin{pmatrix} -2 \\ 4 \\ 1 \end{pmatrix} + s\begin{pmatrix} 3 \\ -1 \\ 3 \end{pmatrix}$ $\vec{x} = r\begin{pmatrix} -5 \\ 5 \\ -2 \end{pmatrix} + s\begin{pmatrix} -3 \\ 1 \\ -3 \end{pmatrix}$

3 Punktprobe mit A(8 | − 6 | 9): $\begin{pmatrix} 8 \\ -6 \\ 9 \end{pmatrix} = \begin{pmatrix} 1 \\ -2 \\ 2 \end{pmatrix} + r\begin{pmatrix} -2 \\ 4 \\ 6 \end{pmatrix} + s\begin{pmatrix} 4 \\ -3 \\ 2 \end{pmatrix}$

Die Vektorgleichung ist erfüllt für s = 2 und r = 0,5.

Der Punkt A liegt in E (A ∈ E).

Punktprobe mit B(12 | 1 | 1) ergibt eine falsche Aussage (B ∉ E).

4 a) Gleichung der Ebene E durch die Punkte A, B und C.

$E: \vec{x} = \begin{pmatrix} 1 \\ 1 \\ 2 \end{pmatrix} + r\begin{pmatrix} 2 \\ 2 \\ 1 \end{pmatrix} + s\begin{pmatrix} 0 \\ 3 \\ 3 \end{pmatrix}; r, s \in \mathbb{R}$

Punktprobe mit D ergibt eine wahre Aussage für r = 1 und s = 1. D ∈ E

Die vier Punkte liegen in einer Ebene.

b) Gleichung der Ebene E durch die Punkte A, B und C.

$E: \vec{x} = \begin{pmatrix} 0 \\ 2 \\ -2 \end{pmatrix} + r\begin{pmatrix} 1 \\ -2 \\ 3 \end{pmatrix} + s\begin{pmatrix} 3 \\ -3 \\ 7 \end{pmatrix}; r, s \in \mathbb{R}$

Punktprobe mit D ergibt eine falsche Aussage. D ∉ E

Die vier Punkte liegen nicht in einer Ebene.

5 a) Richtungsvektoren: $\vec{u} = \begin{pmatrix} 0 \\ 1 \\ -1 \end{pmatrix}$ $\vec{v} = \overrightarrow{OA} - \overrightarrow{OP} = \begin{pmatrix} -1 \\ 2 \\ 3 \end{pmatrix} - \begin{pmatrix} 1 \\ 1 \\ -3 \end{pmatrix} = \begin{pmatrix} -2 \\ 1 \\ 6 \end{pmatrix}$

$E: \vec{x} = \begin{pmatrix} -1 \\ 2 \\ 3 \end{pmatrix} + k\begin{pmatrix} 0 \\ 1 \\ -1 \end{pmatrix} + r\begin{pmatrix} -2 \\ 1 \\ 6 \end{pmatrix}; k, r \in \mathbb{R}$

b) Richtungsvektoren: $\vec{u} = \begin{pmatrix} 3 \\ -5 \\ -1 \end{pmatrix}$ $\vec{v} = \overrightarrow{OA} - \overrightarrow{OP} = \begin{pmatrix} -1 \\ 2 \\ 3 \end{pmatrix} - \begin{pmatrix} 2 \\ 2 \\ 2 \end{pmatrix} = \begin{pmatrix} -3 \\ 0 \\ 1 \end{pmatrix}$

$E: \vec{x} = \begin{pmatrix} -1 \\ 2 \\ 3 \end{pmatrix} + k\begin{pmatrix} 3 \\ -5 \\ -1 \end{pmatrix} + r\begin{pmatrix} -3 \\ 0 \\ 1 \end{pmatrix}; k, r \in \mathbb{R}$

Lehrbuch Seite 73

6 Die Geraden g und h spannen eine Ebene auf, weil sie sich in einem Punkt schneiden.

Schnittpunkt S(3 | – 2 | 4)

Ebenengleichung:

$$E: \vec{x} = \begin{pmatrix} 3 \\ -2 \\ 4 \end{pmatrix} + r\begin{pmatrix} 1 \\ -1 \\ 1 \end{pmatrix} + s\begin{pmatrix} 2 \\ 3 \\ 0 \end{pmatrix}; \ r, s \in \mathbb{R}$$

7 a) Die Geraden g und h sind parallel, da der Richtungsvektor von g ein Vielfaches des Richtungsvektors von h ist.

$$\begin{pmatrix} 1 \\ 2 \\ 1 \end{pmatrix} = \frac{1}{2} \cdot \begin{pmatrix} 3 \\ 6 \\ 3 \end{pmatrix}$$

$\qquad$ k $\quad$ r

Punktprobe:

$$\begin{pmatrix} 1 & -3 & | & 4 \\ 2 & -6 & | & 0 \\ 1 & -3 & | & -2 \end{pmatrix} \sim \begin{pmatrix} 1 & -3 & | & 4 \\ 0 & 0 & | & -8 \\ 0 & 0 & | & 6 \end{pmatrix}$$

Das LGS ist unlösbar. Die Geraden g und h schneiden sich nicht.

Die Geraden g und h sind parallel und verschieden (echt parallel).

b) Die Ebene E ist bestimmt durch den Aufpunkt A und die zwei

Richtungsvektoren $\vec{u} = \begin{pmatrix} 1 \\ 2 \\ 1 \end{pmatrix}$ und

$$\vec{v} = \overrightarrow{OB} - \overrightarrow{OA} = \begin{pmatrix} 3 \\ 2 \\ 1 \end{pmatrix} - \begin{pmatrix} -1 \\ 2 \\ 3 \end{pmatrix} = \begin{pmatrix} 4 \\ 0 \\ -2 \end{pmatrix}.$$

$$E: \vec{x} = \begin{pmatrix} -1 \\ 2 \\ 3 \end{pmatrix} + r\begin{pmatrix} 1 \\ 2 \\ 1 \end{pmatrix} + s\begin{pmatrix} 4 \\ 0 \\ -2 \end{pmatrix}; \ r, s \in \mathbb{R}$$

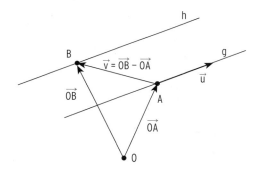

8 Das Rechteck ABCD liegt in der Ebene

$$E: \vec{x} = \overrightarrow{OA} + r(\overrightarrow{OB} - \overrightarrow{OA}) + s(\overrightarrow{OD} - \overrightarrow{OA})$$

$$E: \vec{x} = \begin{pmatrix} 4 \\ 2 \\ 1 \end{pmatrix} + r\begin{pmatrix} 4 \\ 4 \\ 0 \end{pmatrix} + s\begin{pmatrix} -2 \\ 2 \\ 0 \end{pmatrix}; \ r, s \in \mathbb{R}$$

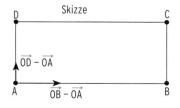

Skizze

Fläche des Rechtecks: $\vec{x} = \begin{pmatrix} 4 \\ 2 \\ 1 \end{pmatrix} + r\begin{pmatrix} 4 \\ 4 \\ 0 \end{pmatrix} + s\begin{pmatrix} -2 \\ 2 \\ 0 \end{pmatrix}$; $0 \leq r \leq 1$ und $0 \leq s \leq 1$.

Punktprobe mit P:

Das zugehörige LGS ist eindeutig lösbar mit r = 0,25 und s = 0,75.

Der Punkt P liegt in der Ebene E.

Wegen 0 < r < 1 und 0 < s < 1 liegt P im Inneren des Rechtecks.

Lehrbuch Seite 73

9 a) Die Ebene verläuft parallel zur $x_1 x_2$-Ebene durch den Punkt $P(0 \mid 0 \mid 1)$.

b) $Q(0 \mid 0 \mid 2)$ liegt nicht in E.

c) $g: \vec{x} = \begin{pmatrix} 0 \\ 0 \\ 1 \end{pmatrix} + r \begin{pmatrix} 1 \\ 0 \\ 0 \end{pmatrix}; r \in \mathbb{R}$

g liegt in E.

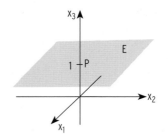

Lehrbuch Seite 78

1 a) $E: \left(\vec{x} - \begin{pmatrix} 1 \\ 3 \\ 0 \end{pmatrix} \right) \cdot \begin{pmatrix} 8 \\ -2 \\ -4 \end{pmatrix} = 0$ $8x_1 - 2x_2 - 4x_3 - 2 = 0$

bzw. $4x_1 - x_2 - 2x_3 - 1 = 0$

b) $E: \left(\vec{x} - \begin{pmatrix} 1 \\ 4 \\ 1 \end{pmatrix} \right) \cdot \begin{pmatrix} 4 \\ -2 \\ -2 \end{pmatrix} = 0$ $4x_1 - 2x_2 - 2x_3 + 6 = 0$

bzw. $2x_1 - x_2 - x_3 + 3 = 0$

c) $E: \vec{x} \cdot \begin{pmatrix} -2 \\ 4 \\ -2 \end{pmatrix} = 0$ $-2x_1 + 4x_2 - 2x_3 = 0$

bzw. $x_1 - 2x_2 + x_3 = 0$

d) $E: \left(\vec{x} - \begin{pmatrix} 4 \\ -2 \\ 0 \end{pmatrix} \right) \cdot \begin{pmatrix} 0 \\ 1 \\ 0 \end{pmatrix} = 0$ $x_2 + 2 = 0$ bzw. $x_2 = -2$

e) $E: \left(\vec{x} - \begin{pmatrix} 1 \\ 2 \\ 0 \end{pmatrix} \right) \cdot \begin{pmatrix} 2 \\ -1 \\ 4 \end{pmatrix} = 0$ $2x_2 - x_2 + 4x_3 = 0$

f) $E: \left(\vec{x} - \begin{pmatrix} 1 \\ -2 \\ 5 \end{pmatrix} \right) \cdot \begin{pmatrix} 0 \\ 0 \\ 1 \end{pmatrix} = 0$ $x_3 - 5 = 0$ bzw. $x_3 = 5$

Lehrbuch Seite 79

2 a) $4x_1 - 3x_2 + 2x_3 + 12 = 0$ b) $2x_1 - x_3 - 7 = 0$

c) $x_1 + 3x_2 + 4 = 0$ d) $x_3 = 0$

e) $3x_1 + 8x_2 - 5x_3 = 0$ f) $2x_1 + x_2 - x_3 = 5$

3 a) $E: \left(\vec{x} - \begin{pmatrix} 4 \\ 0 \\ 0 \end{pmatrix} \right) \cdot \begin{pmatrix} 2 \\ 3 \\ 5 \end{pmatrix} = 0$ b) $E: \left(\vec{x} - \begin{pmatrix} 0 \\ 10 \\ 0 \end{pmatrix} \right) \cdot \begin{pmatrix} 5 \\ -2 \\ 3 \end{pmatrix} = 0$

c) $E: \left(\vec{x} - \begin{pmatrix} 3 \\ 0 \\ 0 \end{pmatrix} \right) \cdot \begin{pmatrix} 4 \\ 3 \\ 0 \end{pmatrix} = 0$ d) $E: \left(\vec{x} - \begin{pmatrix} 0 \\ -6 \\ 0 \end{pmatrix} \right) \cdot \begin{pmatrix} 0 \\ 1 \\ -2 \end{pmatrix} = 0$

e) $E: \left(\vec{x} - \begin{pmatrix} 3 \\ 0 \\ 0 \end{pmatrix} \right) \cdot \begin{pmatrix} 1 \\ 0 \\ 0 \end{pmatrix} = 0$ f) $E: \left(\vec{x} - \begin{pmatrix} 0 \\ 2 \\ 0 \end{pmatrix} \right) \cdot \begin{pmatrix} 0 \\ 1 \\ 0 \end{pmatrix} = 0$

Lehrbuch Seite 79

4 a) $\vec{x} = \begin{pmatrix} 2 \\ 0 \\ 0 \end{pmatrix} + r\begin{pmatrix} -1,5 \\ 0 \\ 1 \end{pmatrix} + s\begin{pmatrix} 0,5 \\ 1 \\ 0 \end{pmatrix}$; $r, s \in \mathbb{R}$

b) $\vec{x} = \begin{pmatrix} 2 \\ 0 \\ 0 \end{pmatrix} + r\begin{pmatrix} \frac{4}{3} \\ 0 \\ 1 \end{pmatrix} + s\begin{pmatrix} -\frac{2}{3} \\ 1 \\ 0 \end{pmatrix}$; $r, s \in \mathbb{R}$

c) $\vec{x} = r\begin{pmatrix} -5 \\ 0 \\ 1 \end{pmatrix} + s\begin{pmatrix} 1 \\ 1 \\ 0 \end{pmatrix}$; $r, s \in \mathbb{R}$

d) $\vec{x} = \begin{pmatrix} -3 \\ 0 \\ 0 \end{pmatrix} + r\begin{pmatrix} 0 \\ 0 \\ 1 \end{pmatrix} + s\begin{pmatrix} -2 \\ 1 \\ 0 \end{pmatrix}$; $r, s \in \mathbb{R}$

e) $\vec{x} = \begin{pmatrix} \frac{5}{3} \\ 0 \\ 0 \end{pmatrix} + r\begin{pmatrix} 0 \\ 0 \\ 1 \end{pmatrix} + s\begin{pmatrix} 0 \\ 1 \\ 0 \end{pmatrix}$; $r, s \in \mathbb{R}$

f) $\vec{x} = r\begin{pmatrix} 1 \\ 0 \\ 0 \end{pmatrix} + s\begin{pmatrix} 0 \\ 1 \\ \frac{4}{3} \end{pmatrix}$; $r, s \in \mathbb{R}$

g) $\vec{x} = \begin{pmatrix} 1 \\ 2 \\ -3 \end{pmatrix} + r\begin{pmatrix} \frac{2}{3} \\ 0 \\ 1 \end{pmatrix} + s\begin{pmatrix} -\frac{2}{3} \\ 1 \\ 0 \end{pmatrix}$; $r, s \in \mathbb{R}$

h) $\vec{x} = \begin{pmatrix} 2 \\ 0 \\ 0 \end{pmatrix} + r\begin{pmatrix} 3 \\ 0 \\ 1 \end{pmatrix} + s\begin{pmatrix} -2,5 \\ 1 \\ 0 \end{pmatrix}$; $r, s \in \mathbb{R}$

i) $\vec{x} = r\begin{pmatrix} 1 \\ 0 \\ 0 \end{pmatrix} + s\begin{pmatrix} 0 \\ 1 \\ -1 \end{pmatrix}$; $r, s \in \mathbb{R}$

j) $\vec{x} = r\begin{pmatrix} 0 \\ 1 \\ 0 \end{pmatrix} + s\begin{pmatrix} 0 \\ 0 \\ 1 \end{pmatrix}$; $r, s \in \mathbb{R}$

5 a) E: $\left(\vec{x} - \begin{pmatrix} 6 \\ 3 \\ 2 \end{pmatrix}\right) \cdot \begin{pmatrix} 2 \\ 3 \\ -2 \end{pmatrix} = 0$ $\qquad 2x_1 + 3x_2 - 2x_3 - 17 = 0$

b) E: $\left(\vec{x} - \begin{pmatrix} 0 \\ 4 \\ -2 \end{pmatrix}\right) \cdot \begin{pmatrix} 1 \\ 0 \\ -3 \end{pmatrix} = 0$ $\qquad x_1 - 3x_3 - 6 = 0$

6 Ebenengleichung: E: $\left(\vec{x} - \begin{pmatrix} 3 \\ 1 \\ 2 \end{pmatrix}\right) \cdot \begin{pmatrix} -2 \\ 1 \\ 0 \end{pmatrix} = 0$ bzw. $-2x_1 + x_2 + 5 = 0$

a) Punktprobe mit A(2 | −1 | 5) ergibt eine wahre Aussage. A liegt in E.

b) A liegt nicht in E.

c) A liegt in E.

d) A liegt nicht in E.

7 Lösungen $(x_1; x_2; x_3)$ der Gleichung: (6; 0; 0), (0; −4; 0), (0; 0; 3)

Die zugehörigen Punkte A(6 | 0 | 0), B(0 | −4 | 0) und C(0 | 0 | 3) liegen in der Ebene E: $2x_1 - 3x_2 + 4x_3 = 12$.

8 Ebene E: $3x_1 + x_2 + 0 \cdot x_3 = 6$

x_3 kann jeden Wert annehmen. Die Ebene E ist parallel zur x_3-Achse.

Die abgebildete Ebene verläuft durch den Ursprung. E ist jedoch keine Ursprungsebene. Die abgebildete Ebene ist nicht E.

Lehrbuch Seite 80

9 Mit der Gleichung $0 \cdot x_1 + 0 \cdot x_2 + 0 \cdot x_3 = 0$ werden alle Punkte des Raums beschrieben.

Lehrbuch Seite 80

10 a) $\vec{x} = \begin{pmatrix} 1 \\ -3 \\ 0 \end{pmatrix} + r\begin{pmatrix} 3 \\ 5 \\ 1 \end{pmatrix} + s\begin{pmatrix} 1 \\ -2 \\ 3 \end{pmatrix}$; $r, s \in \mathbb{R}$ $17x_1 - 8x_2 - 11x_3 - 41 = 0$

  b) $\vec{x} = r\begin{pmatrix} -4 \\ 5 \\ 5 \end{pmatrix} + s\begin{pmatrix} 6 \\ 1 \\ -7 \end{pmatrix}$; $r, s \in \mathbb{R}$ $20x_1 - x_2 + 17x_3 = 0$

11 a) $x_1 = 1$ b) $x_3 = 2$

12 a) E ist parallel zur x_3-Achse und verläuft durch die Punkte A(2 | 0 | 0)
     und B (0 | 2 | 0).

  b) E ist parallel zur x_1-Achse und verläuft durch den Ursprung O(0 | 0 | 0).

  c) E ist parallel zur x_2x_3-Ebene und verläuft durch den Punkt P(4 | 0 | 0).

13 Punktprobe mit A(2t | 3 − t | t + 5) in $3x_1 + x_2 - 2x_3 = 9$ ergibt
   eine wahre Ausssage für $t = \frac{16}{3}$.

   Gleichung von E in Parameterform: $\vec{x} = \begin{pmatrix} 0 \\ 9 \\ 0 \end{pmatrix} + r\begin{pmatrix} 1 \\ -3 \\ 0 \end{pmatrix} + s\begin{pmatrix} 0 \\ 2 \\ 1 \end{pmatrix}$; $r, s \in \mathbb{R}$

14 E in Parameterform: $\vec{x} = \begin{pmatrix} 1 \\ -4 \\ 4 \end{pmatrix} + s\begin{pmatrix} 1 \\ -1 \\ -0{,}5 \end{pmatrix} + t\begin{pmatrix} 2 \\ 10 \\ -13 \end{pmatrix}$; $s, t \in \mathbb{R}$

   E in Normalenform: $\left(\vec{x} - \begin{pmatrix} 1 \\ -4 \\ 4 \end{pmatrix}\right) \cdot \begin{pmatrix} 3 \\ 2 \\ 2 \end{pmatrix} = 0$

15 Gerade (AB): $\vec{x} = \begin{pmatrix} -1 \\ -1 \\ 4 \end{pmatrix} + s\begin{pmatrix} -4 \\ 1 \\ 1 \end{pmatrix}$; $s \in \mathbb{R}$

   g ∩ (AB): $\begin{pmatrix} 3 \\ 6 \\ -1 \end{pmatrix} + r\begin{pmatrix} 12 \\ 5 \\ -7 \end{pmatrix} = \begin{pmatrix} -1 \\ -1 \\ 4 \end{pmatrix} + s\begin{pmatrix} -4 \\ 1 \\ 1 \end{pmatrix}$

     $r\begin{pmatrix} 12 \\ 5 \\ -7 \end{pmatrix} + s\begin{pmatrix} 4 \\ -1 \\ -1 \end{pmatrix} = \begin{pmatrix} -4 \\ -7 \\ 5 \end{pmatrix}$

   Die Vektorgleichung ist eindeutig lösbar mit r = − 1 und s = 2.

   Die Geraden spannen eine Ebene E auf: $\vec{x} = \begin{pmatrix} 3 \\ 6 \\ -1 \end{pmatrix} + r\begin{pmatrix} 12 \\ 5 \\ -7 \end{pmatrix} + s\begin{pmatrix} -4 \\ 1 \\ 1 \end{pmatrix}$

   Hinweis: Der Schnittpunkt S(− 9 | 1 | 6) ist nicht verlangt.

   E in Koordinatenform: $3x_1 + 4x_2 + 8x_3 = 25$

16 E in Parameterform: $\vec{x} = \begin{pmatrix} 0 \\ 0 \\ 4 \end{pmatrix} + r\begin{pmatrix} 1 \\ 0 \\ 0 \end{pmatrix} + s\begin{pmatrix} 0 \\ 1 \\ 0 \end{pmatrix}$; $s, t \in \mathbb{R}$

   E in Normalenform: $\left(\vec{x} - \begin{pmatrix} 0 \\ 0 \\ 4 \end{pmatrix}\right) \cdot \begin{pmatrix} 0 \\ 0 \\ 1 \end{pmatrix} = 0$

   E in Koordinatenform: $x_3 = 4$

Lehrbuch Seite 80

17 Abb. 1 $E: x_2 = 3$

Abb. 2 $E: \vec{x} = \begin{pmatrix} 2 \\ 0 \\ 0 \end{pmatrix} + r \begin{pmatrix} -2 \\ 0 \\ 2 \end{pmatrix} + s \begin{pmatrix} -2 \\ 3 \\ 0 \end{pmatrix}; r, s \in \mathbb{R}$ oder $\frac{1}{2}x_1 + \frac{1}{3}x_2 + \frac{1}{2}x_3 = 1$

Lehrbuch Seite 84

1 a) $E: x_1 + x_2 + x_3 = 2$

$S_1(2 \mid 0 \mid 0)$

$S_2(0 \mid 2 \mid 0)$

$S_3(0 \mid 0 \mid 2)$

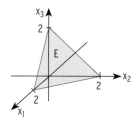

b) $E: 2x_1 + 3x_2 + x_3 = 6$

$S_1(3 \mid 0 \mid 0)$

$S_2(0 \mid 2 \mid 0)$

$S_3(0 \mid 0 \mid 6)$

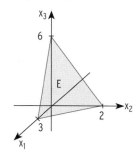

c) $E: 3x_1 + x_2 + x_3 = 0$

E enthält den Ursprung.

$S_1(0 \mid 0 \mid 0) = S_2 = S_3$

Normalenvektor: $\vec{n} = \begin{pmatrix} 3 \\ 1 \\ 1 \end{pmatrix}$

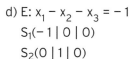

d) $E: x_1 - x_2 - x_3 = -1$

$S_1(-1 \mid 0 \mid 0)$

$S_2(0 \mid 1 \mid 0)$

$S_3(0 \mid 0 \mid 1)$

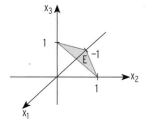

e) $E: 2x_1 + x_2 + 4x_3 = 2$

$S_1(1 \mid 0 \mid 0)$

$S_2(0 \mid 2 \mid 0)$

$S_3(0 \mid 0 \mid 0,5)$

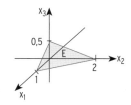

Lehrbuch Seite 84

2 a) $E: x_1 + x_2 + 3x_3 = 5$ $S_1(5 \mid 0 \mid 0)$; $S_2(0 \mid 5 \mid 0)$; $S_3(0 \mid 0 \mid \frac{5}{3})$

Spurgeraden: $s_{12}: \vec{x} = \begin{pmatrix} 5 \\ 0 \\ 0 \end{pmatrix} + r\begin{pmatrix} -5 \\ 5 \\ 0 \end{pmatrix}$; $s_{13}: \vec{x} = \begin{pmatrix} 5 \\ 0 \\ 0 \end{pmatrix} + r\begin{pmatrix} -5 \\ 0 \\ \frac{5}{3} \end{pmatrix}$; $s_{23}: \vec{x} = \begin{pmatrix} 5 \\ 0 \\ 0 \end{pmatrix} + r\begin{pmatrix} 0 \\ -5 \\ \frac{5}{3} \end{pmatrix}$

b) $E: x_1 - 2x_2 + x_3 = 6$ $S_1(6 \mid 0 \mid 0)$; $S_2(0 \mid -3 \mid 0)$; $S_3(0 \mid 0 \mid 6)$

Spurgeraden: $s_{12}: \vec{x} = \begin{pmatrix} 6 \\ 0 \\ 0 \end{pmatrix} + r\begin{pmatrix} 6 \\ 3 \\ 0 \end{pmatrix}$; $s_{13}: \vec{x} = \begin{pmatrix} 6 \\ 0 \\ 0 \end{pmatrix} + r\begin{pmatrix} -6 \\ 0 \\ 6 \end{pmatrix}$; $s_{23}: \vec{x} = \begin{pmatrix} 0 \\ -3 \\ 0 \end{pmatrix} + r\begin{pmatrix} 0 \\ 3 \\ 6 \end{pmatrix}$

c) $E: x_1 - x_3 = 2$; $S_1(2 \mid 0 \mid 0)$; kein S_2; $S_3(0 \mid 0 \mid -2)$ E ist parallel zur x_2-Achse.

Spurgeraden: $s_{12}: \vec{x} = \begin{pmatrix} 2 \\ 0 \\ 0 \end{pmatrix} + r\begin{pmatrix} 0 \\ 1 \\ 0 \end{pmatrix}$; $s_{13}: \vec{x} = \begin{pmatrix} 2 \\ 0 \\ 0 \end{pmatrix} + r\begin{pmatrix} 2 \\ 0 \\ 2 \end{pmatrix}$; $s_{23}: \vec{x} = \begin{pmatrix} 0 \\ 0 \\ -2 \end{pmatrix} + r\begin{pmatrix} 0 \\ 1 \\ 0 \end{pmatrix}$

d) $E: -2x_2 + x_3 = 6$; kein S_1; $S_2(0 \mid -3 \mid 0)$; $S_3(0 \mid 0 \mid 6)$ E ist parallel zur x_1-Achse.

Spurgeraden: $s_{12}: \vec{x} = \begin{pmatrix} 0 \\ -3 \\ 0 \end{pmatrix} + r\begin{pmatrix} 1 \\ 0 \\ 0 \end{pmatrix}$; $s_{13}: \vec{x} = \begin{pmatrix} 0 \\ 0 \\ 6 \end{pmatrix} + r\begin{pmatrix} 1 \\ 0 \\ 0 \end{pmatrix}$; $s_{23}: \vec{x} = \begin{pmatrix} 0 \\ -3 \\ 0 \end{pmatrix} + r\begin{pmatrix} 0 \\ 3 \\ 6 \end{pmatrix}$

e) $E: x_2 = 3$ kein S_1; $S_2(0 \mid 3 \mid 0)$; kein S_3 E ist parallel zur x_1x_3-Ebene.

Spurgeraden: $s_{12}: \vec{x} = \begin{pmatrix} 0 \\ 3 \\ 0 \end{pmatrix} + r\begin{pmatrix} 1 \\ 0 \\ 0 \end{pmatrix}$; kein s_{13}; $s_{23}: \vec{x} = \begin{pmatrix} 0 \\ 3 \\ 0 \end{pmatrix} + r\begin{pmatrix} 0 \\ 0 \\ 1 \end{pmatrix}$

3 a) $E: 2x_1 + x_3 = 2$ $S_1(1 \mid 0 \mid 0)$; kein S_2; $S_3(0 \mid 0 \mid 2)$

E ist parallel zur x_2-Achse.

b) $E: x_2 + x_3 = 1$ kein S_1; $S_2(0 \mid 1 \mid 0)$; $S_3(0 \mid 0 \mid 1)$

E ist parallel zur x_1-Achse.

c) $E: x_2 = -3$ kein S_1; $S_2(0 \mid -3 \mid 0)$; kein S_3

E ist parallel zur x_1x_3-Ebene.

d) $E: x_3 = 0$ E ist parallel zur x_1x_2-Ebene. Jeder Punkt auf der x_1-Achse bzw. auf der x_2-Achse ist ein Spurpunkt.

4 a) $E: \vec{x} = \begin{pmatrix} 4 \\ 0 \\ 0 \end{pmatrix} + r\begin{pmatrix} -4 \\ 2 \\ 0 \end{pmatrix} + s\begin{pmatrix} -4 \\ 0 \\ 2 \end{pmatrix}$; $r, s \in \mathbb{R}$ oder $\frac{1}{4}x_1 + \frac{1}{2}x_2 + \frac{1}{2}x_3 = 1$

b) $E: \vec{x} = \begin{pmatrix} 4 \\ 0 \\ 0 \end{pmatrix} + r\begin{pmatrix} -4 \\ 2 \\ 0 \end{pmatrix} + s\begin{pmatrix} 0 \\ 0 \\ 1 \end{pmatrix}$; $r, s \in \mathbb{R}$ oder $\frac{1}{4}x_1 + \frac{1}{2}x_2 = 1$

5 E in Koordinatenform: $x_3 = -2$

E verläuft parallel zur x_1x_2-Ebene durch den Punkt $P(0 \mid 0 \mid -2)$.

E schneidet nur die x_3-Achse: $S_3(0 \mid 0 \mid -2)$.

6 Die gemeinsamen Punkte liegen auf der Spurgeraden von E mit der x_2x_3-Ebene.

$E: x_1 + 2x_2 + 3x_3 = -2$ $S_2(0 \mid -1 \mid 0)$; $S_3(0 \mid 0 \mid -\frac{2}{3})$

Spurgerade: $s_{23}: \vec{x} = \begin{pmatrix} 0 \\ -1 \\ 0 \end{pmatrix} + r\begin{pmatrix} 0 \\ 1 \\ -\frac{2}{3} \end{pmatrix}$

Lehrbuch Seite 84

7 E ist parallel zur x_3-Achse.

Ebenengleichung:

$$\vec{x} = \begin{pmatrix} 5 \\ 0 \\ 0 \end{pmatrix} + r\begin{pmatrix} 5 \\ 3 \\ 0 \end{pmatrix} + s\begin{pmatrix} 0 \\ 0 \\ 1 \end{pmatrix}; \ r, s \in \mathbb{R}$$

8 E in Parameterform:

$$\vec{x} = \begin{pmatrix} 0 \\ 0 \\ 40 \end{pmatrix} + r\begin{pmatrix} -30 \\ 60 \\ -20 \end{pmatrix} + s\begin{pmatrix} 50 \\ 10 \\ -40 \end{pmatrix}; \ r, s \in \mathbb{R}$$

E in Koordinatenform:

$$2x_1 + 2x_2 + 3x_3 = 120$$

Die gesuchte Gerade ist die Spurgerade von E mit der x_1x_2-Ebene.

Spurpunkte: $S_1(60 \mid 0 \mid 0); \ S_2(0 \mid 60 \mid 0)$

Spurgerade: $s_{12}: \vec{x} = \begin{pmatrix} 60 \\ 0 \\ 0 \end{pmatrix} + r\begin{pmatrix} -1 \\ 1 \\ 0 \end{pmatrix}; \ r \in \mathbb{R}$

Lehrbuch Seite 87

1 a) g und E schneiden sich in einem Punkt S.

Für $r = 1$, $s = 1$ und $t = -2$: $S(4 \mid 1 \mid 9)$

b) g verläuft parallel zu E und liegt nicht in E

c) g liegt in E

d) g und E schneiden sich in einem Punkt S.

Für $r = 1$, $s = -1$ und $t = 2$: $S(2 \mid -2 \mid 7)$

2 g: $\vec{x} = \begin{pmatrix} 8 \\ -9 \\ 11 \end{pmatrix} + t\begin{pmatrix} 2 \\ -3 \\ 4 \end{pmatrix}; \ t \in \mathbb{R}$ E: $\vec{x} = \begin{pmatrix} 1 \\ 0 \\ 0 \end{pmatrix} + r\begin{pmatrix} 2 \\ 1 \\ 0 \end{pmatrix} + s\begin{pmatrix} -1 \\ -1 \\ -1 \end{pmatrix}; \ r, s \in \mathbb{R}$

Durchstoßpunkt $S(2 \mid 0 \mid -1)$ für $r = s = 1$ und $t = -3$.

Lehrbuch Seite 90

1 a) g ist parallel zu E und liegt nicht in E (echt parallel).

b) g schneidet E im Punkt $S(-8 \mid 31 \mid -7)$ für $r = -9$.

c) g liegt in E.

d) g schneidet E im Punkt $S(-0,3 \mid 0,2 \mid 0,7)$ für $r = -1,3$.

e) E: $9x_1 + x_2 = 9$

g schneidet E im Punkt $S(2 \mid -9 \mid 3)$ für $r = 1$.

f) E: $x_1 + x_3 = 1$

g schneidet E im Punkt $S(0 \mid -1 \mid 1)$ für $r = -1$.

g) E: $x_2 + 4x_3 = -1$

g ist parallel zu E und liegt nicht in E (echt parallel).

h) E: $x_1 + x_2 - 3x_3 = 2$

g schneidet E im Punkt $S(-1 \mid 3 \mid 0)$ für $r = -2$.

i) E: $x_3 = 3$ g schneidet E im Punkt $S(2 \mid -9 \mid 3)$ für $r = 1$.

j) E: $-x_1 + 5x_2 + 21x_3 = 16$ g liegt in E.

Lehrbuch Seite 90

2 Einsetzen ergibt eine falsche Aussage: 1 = 0   keine gemeinsamen Punkte

3 a) Ebene E: $\vec{x} = \begin{pmatrix} 2 \\ 3 \\ 2 \end{pmatrix} + u\begin{pmatrix} 2 \\ -1 \\ 0 \end{pmatrix} + v\begin{pmatrix} -2 \\ -2,5 \\ -1 \end{pmatrix}$; u, v $\in \mathbb{R}$

   Koordinatenform: $x_1 + 2x_2 - 7x_3 + 6 = 0$

   Schnittpunkte (Spurpunkte) von E mit den Koordinatenachsen

   $S_1(-6 \mid 0 \mid 0)$; $S_2(0 \mid -3 \mid 0)$; $S_3(0 \mid 0 \mid \frac{6}{7})$

   b) A(2 | 3 | 2) ist der Aufpunkt der Ebene E (siehe Ebenengleichung) und liegt

   somit in E.

   Der Richtungsvektor der Geraden g ist ein Vielfaches eines

   Richtungsvektors der Ebene E: $\begin{pmatrix} -4 \\ 2 \\ 0 \end{pmatrix} = -2\begin{pmatrix} 2 \\ -1 \\ 0 \end{pmatrix}$.

   Somit liegt die Gerade g in der Ebene E.

4 a) Der Punkt P(-17 | 2 | 6) liegt auf g aber nicht in E.

   P ist kein gemeinsamer Punkt von g und E.

   b) Der Richtungsvektor von g steht senkrecht auf dem

   Normalenvektor von E. $\begin{pmatrix} -6 \\ 1 \\ 2 \end{pmatrix} \cdot \begin{pmatrix} 1 \\ 0 \\ 3 \end{pmatrix} = 0$

   g und E sind parallel. Da es einen Punkt P gibt, der auf g nicht aber in E

   liegt, ist g echt parallel zu E. g und E haben keine gemeinsamen Punkte.

5 Der Richtungsvektor von g steht senkrecht auf dem

   Normalenvektor von E. $\begin{pmatrix} 1 \\ 1 \\ 1 \end{pmatrix} \cdot \begin{pmatrix} -3 \\ 2 \\ 1 \end{pmatrix} = 0$

   g und E sind parallel.

6 Die Gerade g: $\vec{x} = \begin{pmatrix} 6 \\ 6 \\ -7 \end{pmatrix} + r\begin{pmatrix} 1 \\ 2 \\ -4 \end{pmatrix}$; r $\in \mathbb{R}$, steht senkrecht

   auf E und verläuft durch den Punkt P(6 | 6 | -7).

   Schnittpunkt von g und E(r = -2): S(4 | 2 | 1)

   Ortsvektor OP* des gespiegelten Punktes:

   $\overrightarrow{OP}* = \overrightarrow{OP} + 2\overrightarrow{PS} = \begin{pmatrix} 6 \\ 6 \\ -7 \end{pmatrix} + 2\begin{pmatrix} -2 \\ -4 \\ 8 \end{pmatrix} = \begin{pmatrix} 2 \\ -2 \\ 9 \end{pmatrix}$

   Gespiegelter Punkt: P*(2 | -2 | 9)

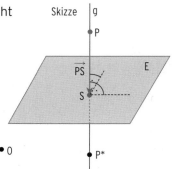

Lehrbuch Seite 93

1 a) E und F schneiden sich in einer Geraden g: $\vec{x} = \begin{pmatrix} 18 \\ 6 \\ -3 \end{pmatrix} + r\begin{pmatrix} 3 \\ 1 \\ -1 \end{pmatrix}; r \in \mathbb{R}$

b) E und F sind parallel und verschieden.

c) E = F

d) E und F schneiden sich in einer Geraden g: $\vec{x} = r\begin{pmatrix} 0 \\ 1 \\ 5 \end{pmatrix}; r \in \mathbb{R}$

e) E und F schneiden sich in einer Geraden g: $\vec{x} = \begin{pmatrix} 5 \\ 0 \\ 0 \end{pmatrix} + r\begin{pmatrix} 1 \\ 1 \\ 0 \end{pmatrix}; r \in \mathbb{R}$

2 g: $\vec{x} = \begin{pmatrix} -5 \\ 1 \\ 2 \end{pmatrix} + r\begin{pmatrix} -2 \\ 3 \\ 0 \end{pmatrix}; r \in \mathbb{R}$.

Mögliche Ebenengleichungen für E und F (E und F enthalten g):

E: $\vec{x} = \begin{pmatrix} -5 \\ 1 \\ 2 \end{pmatrix} + r\begin{pmatrix} -2 \\ 3 \\ 0 \end{pmatrix} + s\begin{pmatrix} 1 \\ 0 \\ 0 \end{pmatrix}; r, s \in \mathbb{R}$ F: $\vec{x} = \begin{pmatrix} -5 \\ 1 \\ 2 \end{pmatrix} + r\begin{pmatrix} -2 \\ 3 \\ 0 \end{pmatrix} + s\begin{pmatrix} 1 \\ 0 \\ 1 \end{pmatrix}; r, s \in \mathbb{R}$

3 Die Schnittgerade ist parallel zur x_1-Achse.

E: $\vec{x} = r\begin{pmatrix} 1 \\ 0 \\ 0 \end{pmatrix} + s\begin{pmatrix} 0 \\ 1 \\ 0 \end{pmatrix}; r, s \in \mathbb{R}$ F: $\vec{x} = t\begin{pmatrix} 1 \\ 0 \\ 0 \end{pmatrix} + v\begin{pmatrix} 0 \\ 0 \\ 1 \end{pmatrix}; t, v \in \mathbb{R}$

Ebenen sind identisch.

E: $\vec{x} = \begin{pmatrix} 1 \\ 2 \\ 3 \end{pmatrix} + r\begin{pmatrix} 1 \\ 0 \\ 0 \end{pmatrix} + s\begin{pmatrix} 0 \\ 0 \\ 1 \end{pmatrix}; r, s \in \mathbb{R}$; F: $\vec{x} = \begin{pmatrix} 2 \\ 2 \\ 3 \end{pmatrix} + t\begin{pmatrix} 1 \\ 0 \\ 0 \end{pmatrix} + v\begin{pmatrix} 0 \\ 0 \\ 1 \end{pmatrix}; t, v \in \mathbb{R}$

$P(2 \mid 2 \mid 3) \in E$ für $r = 1$ und $s = 0$.

Ebenen schneiden sich nicht.

E: $\vec{x} = r\begin{pmatrix} 1 \\ 0 \\ 0 \end{pmatrix} + s\begin{pmatrix} 0 \\ 1 \\ 0 \end{pmatrix}; r, s \in \mathbb{R}$ F: $\vec{x} = \begin{pmatrix} 0 \\ 0 \\ 3 \end{pmatrix} + t\begin{pmatrix} 1 \\ 0 \\ 0 \end{pmatrix} + v\begin{pmatrix} 0 \\ 1 \\ 0 \end{pmatrix}; t, v \in \mathbb{R}$

4 E: $\vec{x} = \begin{pmatrix} 1 \\ 0 \\ 4 \end{pmatrix} + r\begin{pmatrix} -1 \\ 0 \\ 2 \end{pmatrix} + s\begin{pmatrix} 0 \\ 1 \\ 2 \end{pmatrix}; r, s \in \mathbb{R}$

F: $\vec{x} = \begin{pmatrix} -2 \\ -1 \\ 10 \end{pmatrix} + u\begin{pmatrix} 4 \\ 3 \\ -7 \end{pmatrix} + v\begin{pmatrix} 1 \\ 1 \\ -2 \end{pmatrix}; u, v \in \mathbb{R}$

a) Schnittgerade von E und F: $\vec{x} = \begin{pmatrix} -1 \\ 0 \\ 8 \end{pmatrix} + k\begin{pmatrix} 3 \\ 1 \\ -4 \end{pmatrix}; k \in \mathbb{R}$

Lehrbuch Seite 93

4 b) Strecke AB: $\vec{x} = \overrightarrow{OA} + u \cdot \overrightarrow{AB} = \begin{pmatrix} -2 \\ -1 \\ 10 \end{pmatrix} + u \begin{pmatrix} 4 \\ 3 \\ -7 \end{pmatrix}; 0 \leq u \leq 1$

Punktprobe mit P ergibt $u = 2 > 1$.

Der Punkt liegt auf der Geraden durch die Punkte A und B.

Er liegt aber außerhalb der Strecke AB, da $u > 1$ ist.

c) Die Schnittmenge der x_1x_3-Ebene mit der Dreiecksfläche ist eine Strecke.

Da C in der x_1x_3-Ebene liegt, muss nur der Schnittpunkt der Geraden (AB)

mit der x_1x_3-Ebene berechnet werden.

(AB): $\vec{x} = \overrightarrow{OA} + u \cdot \overrightarrow{AB} = \begin{pmatrix} -2 \\ -1 \\ 10 \end{pmatrix} + u \begin{pmatrix} 4 \\ 3 \\ -7 \end{pmatrix}; u \in \mathbb{R}$

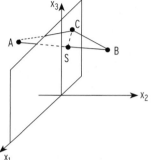

$x_2 = 0$ ergibt $u = \frac{1}{3}$; $S(-\frac{2}{3} \mid 0 \mid \frac{23}{3})$

Wegen $0 < u < 1$ liegt S zwischen A und B.

Die Schnittmenge entspricht der Strecke SC:

$\vec{x} = \overrightarrow{OS} + u \cdot \overrightarrow{SC}$

$\vec{x} = \begin{pmatrix} -\frac{2}{3} \\ 0 \\ \frac{23}{3} \end{pmatrix} + u \begin{pmatrix} -\frac{1}{3} \\ 0 \\ \frac{1}{3} \end{pmatrix}; 0 \leq u \leq 1$

Lehrbuch Seite 97

1 a) E: $4x_1 - x_2 - 2x_3 = 6$

E und F schneiden sich in einer Geraden g: $\vec{x} = \begin{pmatrix} 1,2 \\ -1,2 \\ 0 \end{pmatrix} + u \begin{pmatrix} 1 \\ 2 \\ 1 \end{pmatrix}; u \in \mathbb{R}$

b) E: $-2x_1 - 4x_2 - x_3 = 0$ E und F sind parallel und verschieden.

c) E: $x_3 - 4 = 0$ E und F sind identisch.

d) E und F schneiden sich in einer Geraden g: $\vec{x} = \begin{pmatrix} 4 \\ -2 \\ 0 \end{pmatrix} + u \begin{pmatrix} -1 \\ 1 \\ 1 \end{pmatrix}; u \in \mathbb{R}$

e) E und F sind parallel und verschieden.

f) E und F sind identisch.

g) E und F schneiden sich in einer Geraden g: $\vec{x} = \begin{pmatrix} 0 \\ 2 \\ 0 \end{pmatrix} + u \begin{pmatrix} 0 \\ 5 \\ 1 \end{pmatrix}; u \in \mathbb{R}$

h) F: $x_1 + 2x_3 = 1$

E und F schneiden sich in einer Geraden g: $\vec{x} = \begin{pmatrix} 1 \\ -\frac{4}{3} \\ 0 \end{pmatrix} + u \begin{pmatrix} -2 \\ 2 \\ 1 \end{pmatrix}; u \in \mathbb{R}$

i) E: $x_1 + x_2 = 3$; F: $2x_1 + x_2 - x_3 = 4$

E und F schneiden sich in einer Geraden g: $\vec{x} = \begin{pmatrix} 1 \\ 2 \\ 0 \end{pmatrix} + u \begin{pmatrix} 1 \\ -1 \\ 1 \end{pmatrix}; u \in \mathbb{R}$

Lehrbuch Seite 97

2 Schnittgerade ist parallel zur x_1-Achse. (x_1 ist frei wählbar)

E: $x_2 + x_3 = 4$ F: $2x_2 - x_3 = -1$

Ebenen sind identisch.

E: $4x_1 + 4x_2 + 12x_3 = 72$ F: $x_1 + x_2 + 3x_3 = 18$

Ebenen schneiden sich nicht.

E: $x_1 + 2x_2 + 2x_3 = 1$ F: $x_1 + 2x_2 + 2x_3 = 12$

3 Die Ebenengleichungen entsprechen einem LGS für x_1, x_2 und x_3

Auflösung ergibt: $x_1 = -35$; $x_2 = 26$; $x_3 = -4$

Die drei Ebenen schneiden sich in dem Punkt S($-35 \mid 26 \mid -4$).

4 a) Die Ebenen E und F sind jeweils parallel zur x_2-Achse.

Dann muss eine gemeinsame Gerade auch parallel zur x_2-Achse sein.

Hans hat Recht.

b) E und F schneiden sich in einer Geraden.

Schnittgerade: $\vec{x} = \begin{pmatrix} 5 \\ 0 \\ -1 \end{pmatrix} + u \begin{pmatrix} 0 \\ 1 \\ 0 \end{pmatrix}$; $u \in \mathbb{R}$

c) Ebene H: $1,5x_1 + x_2 + 1,5x_3 = 8$

Die Normalenvektoren von F und H sind nicht linear abhängig.

Die Ebenen E und F sind nicht identisch.

5 Aufpunkt: A(2,5 $\mid$ 0 $\mid$ 2,5) Richtungsvektor von g: $\vec{u} = \begin{pmatrix} 0 \\ 1 \\ 0 \end{pmatrix}$

Geradengleichung von g: $\vec{x} = \begin{pmatrix} 2,5 \\ 0 \\ 2,5 \end{pmatrix} + r \begin{pmatrix} 0 \\ 1 \\ 0 \end{pmatrix}$; $r \in \mathbb{R}$

Lehrbuch Seite 99

1 a) $d = \sqrt{221}$ b) $d = \sqrt{17}$ c) $d = \sqrt{174}$ d) $\sqrt{116}$

2 S(2,5 $\mid$ 2,5 $\mid$ 2,5)

$d = |\overrightarrow{OS}| = \sqrt{18,75}$

Lehrbuch Seite 102

1 a) $\vec{n} = \begin{pmatrix} 2 \\ -1 \\ 0 \end{pmatrix}$; $\vec{p} = \begin{pmatrix} -3 \\ 1 \\ 0 \end{pmatrix}$; $d = \dfrac{13}{\sqrt{5}} = 5,81$ b) $\vec{n} = \begin{pmatrix} 1 \\ -3 \\ -1 \end{pmatrix}$; $\vec{p} = \begin{pmatrix} 3 \\ 0 \\ 0 \end{pmatrix}$; $d = \dfrac{|-5|}{\sqrt{11}} = 1,51$

c) $\vec{n} = \begin{pmatrix} 1 \\ -4 \\ 0 \end{pmatrix}$; $\vec{p} = \begin{pmatrix} 4 \\ 0 \\ 0 \end{pmatrix}$; $d = \dfrac{|-4|}{\sqrt{17}} = 0,97$ d) $\vec{n} = \begin{pmatrix} -2 \\ 1 \\ 1 \end{pmatrix}$; $\vec{p} = \begin{pmatrix} 0 \\ 0 \\ 0 \end{pmatrix}$; $d = \dfrac{|-6|}{\sqrt{6}} = 2,45$

e) $\vec{n} = \begin{pmatrix} 0 \\ -1 \\ 1 \end{pmatrix}$; $\vec{p} = \begin{pmatrix} 0 \\ 0 \\ 0 \end{pmatrix}$; $d = \dfrac{|-2|}{\sqrt{2}} = \sqrt{2}$ f) E: $4x_1 + 2x_3 = 6$; $\vec{p} = \begin{pmatrix} 0 \\ 0 \\ 3 \end{pmatrix}$; $d = \dfrac{4}{\sqrt{20}} = 0,89$

Lehrbuch Seite 102

2   E: $\frac{1}{4}x_1 + \frac{1}{2}x_2 + \frac{1}{5}x_3 = 1$ bzw. E: $5x_1 + 10x_2 + 4x_3 = 20$

Abstand d des Ursprungs von der Ebene E

$$\vec{a} = \begin{pmatrix} 0 \\ 0 \\ 0 \end{pmatrix}; \vec{p} = \begin{pmatrix} 4 \\ 0 \\ 0 \end{pmatrix}; \vec{n} = \begin{pmatrix} 5 \\ 10 \\ 4 \end{pmatrix}: \qquad d = \frac{|-20|}{\sqrt{141}} = 1{,}68$$

Abstand d des Punktes A von der Ebene E

$$\vec{a} = \begin{pmatrix} 6 \\ 8 \\ 7 \end{pmatrix}: \qquad d = \frac{118}{\sqrt{141}} = 9{,}94$$

Abstand d des Punktes B von der Ebene E

$$\vec{b} = \begin{pmatrix} 5 \\ 10 \\ 6 \end{pmatrix}: \qquad d = \frac{129}{\sqrt{141}} = 10{,}86$$

Der Punkt B ist weiter von der Ebene E entfernt als der Punkt A.

3   a) Die Ebenen E und F haben den gleichen Normalenvektor bzw.

die Normalenvektoren sind linear abhängig.

b) Punkt auf F: A(0 | 0 | − 7)

$$\vec{a} = \begin{pmatrix} 0 \\ 0 \\ -7 \end{pmatrix}; \vec{p} = \begin{pmatrix} 0 \\ 0 \\ -5 \end{pmatrix}; \vec{n} = \begin{pmatrix} 2 \\ -4 \\ -1 \end{pmatrix}: \qquad d = \frac{2}{\sqrt{21}} = 0{,}44$$

Die Ebenen E und F haben den Abstand 0,44.

4   a) Der Normalenvektor von F steht senkrecht auf den Richtungsvektoren von E.

$$\vec{u} \cdot \vec{n} = \begin{pmatrix} 2 \\ 1 \\ 3 \end{pmatrix} \cdot \begin{pmatrix} 1 \\ -8 \\ 2 \end{pmatrix} = 0 \text{ und } \vec{v} \cdot \vec{n} = \begin{pmatrix} -2 \\ 0 \\ 1 \end{pmatrix} \cdot \begin{pmatrix} 1 \\ -8 \\ 2 \end{pmatrix} = 0$$

b) Punkt auf E: A(0 | 0 | 0)

$$\vec{a} = \begin{pmatrix} 0 \\ 0 \\ 0 \end{pmatrix}; \vec{p} = \begin{pmatrix} 0 \\ 0 \\ 3 \end{pmatrix}; \vec{n} = \begin{pmatrix} 1 \\ -8 \\ 2 \end{pmatrix}: \qquad d = \frac{|-6|}{\sqrt{69}} = 0{,}72$$

5   Punkt auf g: A(2 | 5 | 6)

$$\vec{a} = \begin{pmatrix} 2 \\ 5 \\ 6 \end{pmatrix}; \vec{p} = \begin{pmatrix} 1 \\ 0 \\ 0 \end{pmatrix}; \vec{n} = \begin{pmatrix} 3 \\ 1 \\ 1 \end{pmatrix}: \qquad d = \frac{14}{\sqrt{11}} = 4{,}22$$

6   E: $2x_1 - 2x_2 - x_3 = 4$ F: $2x_1 - 2x_2 - x_3 = b$

Punkt auf E: P(2 | 0 | 0), Punkt auf F: A(0 | 0 | − b).

$$\vec{a} = \begin{pmatrix} 0 \\ 0 \\ -b \end{pmatrix}; \vec{p} = \begin{pmatrix} 2 \\ 0 \\ 0 \end{pmatrix}; \vec{n} = \begin{pmatrix} 2 \\ -2 \\ -1 \end{pmatrix}: \quad d = \left| \frac{(\vec{a} - \vec{p}) \cdot \vec{n}}{|\vec{n}|} \right| = \frac{|-4 + b|}{3} = 3$$

$$|-4 + b| = 9$$

Eine mögliche Gleichung: $-4 + b = 9$

$$b = 13$$

Ebenengleichung von F: $2x_1 - 2x_2 - x_3 = 13$

Lehrbuch Seite 102

6 Lösung mithilfe des Normalenvektors $\vec{n}$

$|\vec{n}| = 3$

Die Länge des Normalenvektors ist 3.

Diese Länge ist auch der Abstand der

Ebenen.

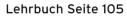

Punkt auf E: $P(2 \mid 0 \mid 0)$, $\vec{n} = \begin{pmatrix} 2 \\ -2 \\ -1 \end{pmatrix}$

$\overrightarrow{OB} = \overrightarrow{OP} + \vec{n} = \begin{pmatrix} 4 \\ -2 \\ -1 \end{pmatrix}$

Einsetzen der Koordinaten von B in $2x_1 - 2x_2 - x_3 = b$ ergibt $b = 13$.

Ebenengleichung von F: $2x_1 - 2x_2 - x_3 = 13$

Lehrbuch Seite 105

1 a) $t = -1$, $\overrightarrow{PQ} = \begin{pmatrix} -1 \\ -1 \\ 1 \end{pmatrix}$, $d = |\overrightarrow{PQ}| = \sqrt{3}$ b) $t = -\frac{2}{3}$, $\overrightarrow{PQ} = \begin{pmatrix} \frac{5}{3} \\ \frac{8}{3} \\ -\frac{2}{3} \end{pmatrix}$, $d = |\overrightarrow{PQ}| = \frac{\sqrt{93}}{3}$

c) $t = -2$, $\overrightarrow{PQ} = \begin{pmatrix} -4 \\ 0 \\ 4 \end{pmatrix}$, $d = |\overrightarrow{PQ}| = \sqrt{32}$ d) $t = -5$, $\overrightarrow{PQ} = \begin{pmatrix} -13 \\ 0 \\ -9 \end{pmatrix}$, $d = |\overrightarrow{PQ}| = \sqrt{250}$

2 a) Punkt P auf h: $P(2 \mid 5 \mid 3)$

$r = -2{,}5$, $\overrightarrow{PQ} = \begin{pmatrix} 3{,}5 \\ -4 \\ -3{,}5 \end{pmatrix}$ $d = |\overrightarrow{PQ}| = \sqrt{40{,}5}$

b) Punkt P auf h: $P(2 \mid 4 \mid 3)$

$r = -1$, $\overrightarrow{PQ} = \begin{pmatrix} 2 \\ -5 \\ 0{,}5 \end{pmatrix}$ $d = |\overrightarrow{PQ}| = \sqrt{29{,}25}$

3 a) g: $\vec{x} = \begin{pmatrix} 3 \\ 5 \\ 4 \end{pmatrix} + r\begin{pmatrix} -2 \\ -2 \\ 0 \end{pmatrix}$; $r \in \mathbb{R}$ $r = 1{,}5$; $F = Q(0 \mid 2 \mid 4)$

$\overrightarrow{PQ} = \begin{pmatrix} -2 \\ 2 \\ 1 \end{pmatrix}$ $d = |\overrightarrow{PQ}| = 3$

b) g: $\vec{x} = \begin{pmatrix} 3 \\ 0 \\ 0 \end{pmatrix} + r\begin{pmatrix} 1 \\ 0 \\ 2 \end{pmatrix}$; $r \in \mathbb{R}$ $r = -1$; $F = Q(2 \mid 0 \mid -2)$

$\overrightarrow{PQ} = \begin{pmatrix} 2 \\ -2 \\ -1 \end{pmatrix}$ $d = |\overrightarrow{PQ}| = 3$

Lehrbuch Seite 105

4 g: $\vec{x} = \begin{pmatrix} 0,2 \\ 2 \\ 0 \end{pmatrix} + t\begin{pmatrix} 1 \\ 2 \\ 1 \end{pmatrix}$; $t \geq 0$ $\qquad$ $t = 0,7$; $\overrightarrow{PQ} = \begin{pmatrix} -1,1 \\ 0,4 \\ 0,3 \end{pmatrix}$ $\qquad$ $d = |\overrightarrow{PQ}| = \sqrt{1,46} = 1,21$

Der Abstand beträgt 1210 m. Der Sicherheitsabstand
von mindestens 1100 m wird eingehalten.

Parallele Gerade h

$\overrightarrow{OC} = \overrightarrow{OP} + 2 \cdot \overrightarrow{PQ} = \begin{pmatrix} -0,2 \\ 3,8 \\ 1 \end{pmatrix}$ $\qquad$ h: $\vec{x} = \begin{pmatrix} -0,2 \\ 3,8 \\ 1 \end{pmatrix} + t\begin{pmatrix} 1 \\ 2 \\ 1 \end{pmatrix}$

5 g: $\vec{x} = \begin{pmatrix} 6 \\ 5 \\ 4 \end{pmatrix} + t\begin{pmatrix} -3 \\ 4 \\ 0 \end{pmatrix}$ $\qquad$ $t = 17$; $\overrightarrow{RQ} = \begin{pmatrix} -36 \\ -27 \\ 3 \end{pmatrix}$

$d = |\overrightarrow{RQ}| = \sqrt{2034} = 45,01 > 40$

Das Flugzeug wird vom Radar nicht erfasst.

Lehrbuch Seite 107

1 a) $\vec{p} = \begin{pmatrix} 1 \\ 2 \\ 0 \end{pmatrix}$; $\vec{q} = \begin{pmatrix} -2 \\ 3 \\ 1 \end{pmatrix}$; $\vec{n} = \begin{pmatrix} 1 \\ 1 \\ 1 \end{pmatrix}$ $\qquad$ $d = |\overrightarrow{PQ}| = \dfrac{1}{\sqrt{3}}$

b) $\vec{p} = \begin{pmatrix} 0 \\ 0 \\ 0 \end{pmatrix}$; $\vec{q} = \begin{pmatrix} 2 \\ -5 \\ 1 \end{pmatrix}$; $\vec{n} = \begin{pmatrix} -9 \\ -17 \\ 7 \end{pmatrix}$ $\qquad$ $d = |\overrightarrow{PQ}| = \dfrac{74}{\sqrt{419}}$

c) $\vec{p} = \begin{pmatrix} 2 \\ -1 \\ 3 \end{pmatrix}$; $\vec{q} = \begin{pmatrix} 3 \\ 1 \\ 2 \end{pmatrix}$; $\vec{n} = \begin{pmatrix} 4 \\ -1 \\ -3 \end{pmatrix}$ $\qquad$ $d = |\overrightarrow{PQ}| = \dfrac{5}{\sqrt{26}}$

d) $\vec{p} = \begin{pmatrix} 0 \\ 2 \\ 1 \end{pmatrix}$; $\vec{q} = \begin{pmatrix} 1 \\ -2 \\ 6 \end{pmatrix}$; $\vec{n} = \begin{pmatrix} -4 \\ 2 \\ 0 \end{pmatrix}$ $\qquad$ $d = |\overrightarrow{PQ}| = \dfrac{12}{\sqrt{20}}$

2 a) $d = |\overrightarrow{PQ}| = \left|\begin{pmatrix} 2 \\ 1 \\ -8 \end{pmatrix}\right| = \sqrt{69}$

b) $\vec{a} = \begin{pmatrix} 0 \\ 4 \\ -1 \end{pmatrix}$; $\vec{p} = \begin{pmatrix} 6 \\ -1 \\ 3 \end{pmatrix}$; $\vec{n} = \begin{pmatrix} -2 \\ 1 \\ 4 \end{pmatrix}$ $\qquad$ $d = \left|\dfrac{(\vec{a} - \vec{p}) \cdot \vec{n}}{|\vec{n}|}\right| = \dfrac{1}{\sqrt{21}}$

c) Punkt auf E: A(0 | 0 | 5), Punkt auf F: P(1 | 0 | 0)

$\vec{a} = \begin{pmatrix} 0 \\ 0 \\ 5 \end{pmatrix}$; $\vec{p} = \begin{pmatrix} 1 \\ 0 \\ 0 \end{pmatrix}$; $\vec{n} = \begin{pmatrix} 3 \\ -2 \\ 1 \end{pmatrix}$ $\qquad$ $d = \dfrac{2}{\sqrt{14}}$

d) g: $\vec{x} = \begin{pmatrix} 2 \\ -2 \\ 3 \end{pmatrix} + r\begin{pmatrix} -1 \\ 0 \\ 1 \end{pmatrix}$ $\quad$ $r = 1$; $\overrightarrow{PQ} = \begin{pmatrix} 4 \\ -4 \\ 4 \end{pmatrix}$ $\qquad$ $d = |\overrightarrow{PQ}| = \sqrt{48}$

e) Punkt auf h: P(1 | − 2 | 0)

g: $\vec{x} = \begin{pmatrix} 0 \\ -2 \\ -1 \end{pmatrix} + r\begin{pmatrix} -1 \\ 3 \\ 1 \end{pmatrix}$ $\quad$ $r = 0$; $\overrightarrow{PQ} = \begin{pmatrix} -1 \\ 0 \\ -1 \end{pmatrix}$ $\qquad$ $d = |\overrightarrow{PQ}| = \sqrt{2}$

f) Punkt auf g: P(0 | 0 | 0), Punkt auf h: Q(−1 | − 2 | 0)

$\vec{p} = \begin{pmatrix} 0 \\ 0 \\ 0 \end{pmatrix}$; $\vec{q} = \begin{pmatrix} -1 \\ -2 \\ 0 \end{pmatrix}$; $\vec{n} = \begin{pmatrix} 15 \\ -8 \\ 6 \end{pmatrix}$ $\qquad$ $d = \left|\dfrac{(\vec{q} - \vec{p}) \cdot \vec{n}}{|\vec{n}|}\right| = \dfrac{1}{\sqrt{325}}$

Lehrbuch Seite 107

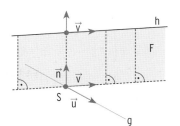

3 Die Ebene F enthält die Gerade h und hat

den Normalenvektor $\vec{n}$ als Richtungsvektor.

$\vec{n}$ steht senkrecht auf den Richtungsvektoren

$\vec{u}$ und $\vec{v}$ der Geraden g und h. Der Schnittpunkt S

der Ebene F mit der Geraden g ist der Punkt auf g mit der kleinsten

Entfernung von h.

$$\vec{n} = \vec{u} \times \vec{v} = \begin{pmatrix} -3 \\ -2 \\ 2 \end{pmatrix} \times \begin{pmatrix} -2 \\ -2 \\ 1 \end{pmatrix} = \begin{pmatrix} 2 \\ -1 \\ 2 \end{pmatrix}$$

$$F: \vec{x} = \begin{pmatrix} 2 \\ 0 \\ 2 \end{pmatrix} + s\begin{pmatrix} -2 \\ -2 \\ 1 \end{pmatrix} + t\begin{pmatrix} 2 \\ -1 \\ 2 \end{pmatrix}; s, t \in \mathbb{R} \qquad g: \vec{x} = \begin{pmatrix} -5 \\ 0 \\ 3 \end{pmatrix} + r\begin{pmatrix} -3 \\ -2 \\ 2 \end{pmatrix}; r \in \mathbb{R}$$

Der Schnittpunkt S der Ebene F mit der Geraden g ist S(4 | 6 | − 3) für r = − 3.

Der Punkt S(4 | 6 | − 3) auf g hat von h die kleinste Entfernung.

Alternative mithilfe des Skalarprodukts

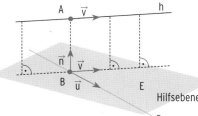

$$g: \vec{x} = \begin{pmatrix} -5 \\ 0 \\ 3 \end{pmatrix} + r\begin{pmatrix} -3 \\ -2 \\ 2 \end{pmatrix}; r \in \mathbb{R}$$

$$h: \vec{x} = \begin{pmatrix} 2 \\ 0 \\ 2 \end{pmatrix} + s\begin{pmatrix} -2 \\ -2 \\ 1 \end{pmatrix}; s \in \mathbb{R}$$

Punkt A liegt auf h, Punkt B auf g.

$\overrightarrow{AB}$ steht senkrecht auf den Richtungsvektoren $\vec{u} = \begin{pmatrix} -3 \\ -2 \\ 2 \end{pmatrix}$ und $\vec{v} = \begin{pmatrix} -2 \\ -2 \\ 1 \end{pmatrix}$.

$$\overrightarrow{AB} = \begin{pmatrix} -5 \\ 0 \\ 3 \end{pmatrix} + r\begin{pmatrix} -3 \\ -2 \\ 2 \end{pmatrix} - \begin{pmatrix} 2 \\ 0 \\ 2 \end{pmatrix} - s\begin{pmatrix} -2 \\ -2 \\ 1 \end{pmatrix} = \begin{pmatrix} -7 - 3r + 2s \\ -2r + 2s \\ 1 + 2r - s \end{pmatrix}$$

$\overrightarrow{AB} \cdot \vec{u} = 0$: $\qquad\qquad 17r − 12s = − 23$

$\overrightarrow{AB} \cdot \vec{v} = 0$: $\qquad\qquad 12r − 9s = − 15$

Auflösung ergibt: $\qquad\qquad r = − 3; s = − \dfrac{7}{3}$

$$\overrightarrow{OB} = \begin{pmatrix} -5 \\ 0 \\ 3 \end{pmatrix} - 3\begin{pmatrix} -3 \\ -2 \\ 2 \end{pmatrix} = \begin{pmatrix} 4 \\ 6 \\ -3 \end{pmatrix}$$

Der Punkt auf g mit kleinster Entfernung von h ist B(4 | 6 | − 3).

4 $\vec{u} \cdot \vec{n} = \begin{pmatrix} -2 \\ -4 \\ 0,5 \end{pmatrix} \cdot \begin{pmatrix} 1 \\ 1 \\ 12 \end{pmatrix} = 0$ Der Richtungsvektor von g steht senkrecht auf dem

Normalenvektor von E. Punktprobe mit A(50 | 75 | 25) in E ergibt eine falsche

Aussage. g und E sind echt parallel. $\vec{a} = \begin{pmatrix} 50 \\ 75 \\ 25 \end{pmatrix}$; $\vec{p} = \begin{pmatrix} 330 \\ 0 \\ 0 \end{pmatrix}$; $d = \dfrac{95}{\sqrt{146}} = 7{,}86$

Der Abstand beträgt 78,6 m.

Lehrbuch Seite 111

1 a) $\vec{u} = \begin{pmatrix} 2 \\ -1 \\ 3 \end{pmatrix}$; $\vec{v} = \begin{pmatrix} 1 \\ 0 \\ 3 \end{pmatrix}$ $\cos(\alpha) = \dfrac{|\vec{u} \cdot \vec{v}|}{|\vec{u}| \cdot |\vec{v}|} = \dfrac{11}{\sqrt{14} \cdot \sqrt{10}} = \dfrac{11}{\sqrt{140}}$ $\alpha = 21{,}6°$

   b) $\vec{u} = \begin{pmatrix} 3 \\ 3 \\ 1 \end{pmatrix}$; $\vec{v} = \begin{pmatrix} 0 \\ 2 \\ 1 \end{pmatrix}$ $\cos(\alpha) = \dfrac{7}{\sqrt{19} \cdot \sqrt{5}} = \dfrac{7}{\sqrt{95}}$ $\alpha = 44{,}1°$

2 Richtungsvektor von g: $\vec{u} = \begin{pmatrix} 1 \\ 3 \\ -1 \end{pmatrix}$

   a) $\vec{n} = \begin{pmatrix} 2 \\ -3 \\ 5 \end{pmatrix}$ $\sin(\alpha) = \dfrac{|\vec{u} \cdot \vec{n}|}{|\vec{u}| \cdot |\vec{n}|} = \dfrac{|-12|}{\sqrt{11} \cdot \sqrt{38}}$ $\alpha = 35{,}9°$

   b) $\vec{n} = \begin{pmatrix} 1 \\ 1 \\ 1 \end{pmatrix}$ $\sin(\alpha) = \dfrac{3}{\sqrt{11} \cdot \sqrt{3}}$ $\alpha = 31{,}5°$

   c) $\vec{n} = \begin{pmatrix} 5 \\ 1 \\ 0 \end{pmatrix}$ $\sin(\alpha) = \dfrac{8}{\sqrt{11} \cdot \sqrt{26}}$ $\alpha = 28{,}2°$

   d) $\vec{n} = \begin{pmatrix} 1 \\ -5 \\ 2 \end{pmatrix}$ $\sin(\alpha) = \dfrac{|-16|}{\sqrt{11} \cdot \sqrt{30}}$ $\alpha = 61{,}7°$

   e) $\vec{n} = \begin{pmatrix} -3 \\ -1 \\ 1 \end{pmatrix}$ $\sin(\alpha) = \dfrac{|-7|}{\sqrt{11} \cdot \sqrt{11}}$ $\alpha = 39{,}5°$

   f) $\vec{n} = \begin{pmatrix} -2 \\ 1 \\ -4 \end{pmatrix}$ $\sin(\alpha) = \dfrac{5}{\sqrt{11} \cdot \sqrt{21}}$ $\alpha = 19{,}2°$

Lehrbuch Seite 112

3 a) $\vec{n_1} = \begin{pmatrix} -1 \\ -2 \\ 2 \end{pmatrix}$; $\vec{n_2} = \begin{pmatrix} 3 \\ 1 \\ 2 \end{pmatrix}$ $\cos(\alpha) = \dfrac{|\vec{n_1} \cdot \vec{n_2}|}{|\vec{n_1}| \cdot |\vec{n_2}|} = \dfrac{|-1|}{3 \cdot \sqrt{14}}$ $\alpha = 84{,}9°$

   b) $\vec{n_1} = \begin{pmatrix} 1 \\ -3 \\ -2 \end{pmatrix}$; $\vec{n_2} = \begin{pmatrix} 2 \\ -1 \\ 1 \end{pmatrix}$ $\cos(\alpha) = \dfrac{3}{\sqrt{14} \cdot \sqrt{6}}$ $\alpha = 70{,}9°$

   c) $\vec{n_1} = \begin{pmatrix} 4 \\ 2 \\ -1 \end{pmatrix}$; $\vec{n_2} = \begin{pmatrix} 0 \\ -3 \\ 3 \end{pmatrix}$ $\cos(\alpha) = \dfrac{|-9|}{\sqrt{21} \cdot \sqrt{18}}$ $\alpha = 62{,}4°$

   d) $\vec{n_1} = \begin{pmatrix} 2 \\ 0 \\ -2 \end{pmatrix}$; $\vec{n_2} = \begin{pmatrix} 1 \\ 1 \\ 2 \end{pmatrix}$ $\cos(\alpha) = \dfrac{|-2|}{\sqrt{8} \cdot \sqrt{6}}$ $\alpha = 73{,}2°$

   e) $\vec{n_1} = \begin{pmatrix} 2 \\ 4 \\ 5 \end{pmatrix}$; $\vec{n_2} = \begin{pmatrix} 1 \\ 2 \\ -2 \end{pmatrix}$ $\cos(\alpha) = 0$ $\alpha = 90°$

Lehrbuch Seite 112

4 $\vec{u} = \begin{pmatrix} 3 \\ 1 \\ 3 \end{pmatrix}$; $\vec{n} = \begin{pmatrix} 0 \\ 0 \\ 1 \end{pmatrix}$ $\sin(\alpha) = \dfrac{|\vec{u} \cdot \vec{n}|}{|\vec{u}| \cdot |\vec{n}|} = \dfrac{3}{\sqrt{19} \cdot 1}$ $\alpha = 43{,}5°$

5 $\vec{u} = \begin{pmatrix} 0 \\ 1 \\ 0 \end{pmatrix}$; $\vec{n} = \begin{pmatrix} -1 \\ 2 \\ -1 \end{pmatrix}$ $\sin(\alpha) = \dfrac{|\vec{u} \cdot \vec{n}|}{|\vec{u}| \cdot |\vec{n}|} = \dfrac{2}{1 \cdot \sqrt{6}}$ $\alpha = 54{,}7°$

6 $\vec{u} = \begin{pmatrix} 1 \\ 0 \\ 0 \end{pmatrix}$; $\vec{v} = \begin{pmatrix} 1 \\ -2 \\ 1 \end{pmatrix}$ $\cos(\alpha) = \dfrac{|\vec{u} \cdot \vec{v}|}{|\vec{u}| \cdot |\vec{v}|} = \dfrac{1}{1 \cdot \sqrt{6}}$ $\alpha = 65{,}9°$

7 a) $\frac{1}{4}x_1 + \frac{1}{2}x_2 + \frac{1}{5}x_3 = 1 \Leftrightarrow 5x_1 + 10x_2 + 4x_3 = 20$

   b) $A(4 \mid 0 \mid 0)$, $B(0 \mid 2 \mid 0)$, $C(0 \mid 0 \mid 5)$

   $\vec{u} = \overrightarrow{AB} = \begin{pmatrix} -4 \\ 2 \\ 0 \end{pmatrix}$; $\vec{v} = \overrightarrow{BC} = \begin{pmatrix} 0 \\ -2 \\ 5 \end{pmatrix}$

   $\cos(\alpha) = \dfrac{|\vec{u} \cdot \vec{v}|}{|\vec{u}| \cdot |\vec{v}|} = \dfrac{|-4|}{\sqrt{20} \cdot \sqrt{29}}$ $\alpha = 80{,}4°$

   c) x_2x_3-Ebene: $\vec{n}_1 = \begin{pmatrix} 1 \\ 0 \\ 0 \end{pmatrix}$, E: $\vec{n}_2 = \begin{pmatrix} 5 \\ 10 \\ 4 \end{pmatrix}$

   $\cos(\alpha) = \dfrac{|\vec{n}_1 \cdot \vec{n}_2|}{|\vec{n}_1| \cdot |\vec{n}_2|} = \dfrac{5}{1 \cdot \sqrt{141}}$ $\alpha = 65{,}1°$

   d) g: $\vec{x} = r\begin{pmatrix} 2 \\ 2 \\ 8 \end{pmatrix}$; $r \in \mathbb{R}$ E: $5x_1 + 10x_2 + 4x_3 = 20$

   $\vec{u} = \begin{pmatrix} 2 \\ 2 \\ 8 \end{pmatrix}$; $\vec{n} = \begin{pmatrix} 5 \\ 10 \\ 4 \end{pmatrix}$

   $\sin(\alpha) = \dfrac{|\vec{u} \cdot \vec{n}|}{|\vec{u}| \cdot |\vec{n}|} = \dfrac{62}{\sqrt{72} \cdot \sqrt{141}}$ $\alpha = 38{,}0°$

   Schnittpunkt F für $r = \frac{10}{31}$: $F\left(\frac{20}{31} \mid \frac{20}{31} \mid \frac{80}{31}\right)$

8 $\vec{u} = \begin{pmatrix} 2 \\ -3 \\ -6 \end{pmatrix}$; $\vec{n} = \begin{pmatrix} 1 \\ 1 \\ 15 \end{pmatrix}$; $\sin(\alpha) = \dfrac{|\vec{u} \cdot \vec{n}|}{|\vec{u}| \cdot |\vec{n}|} = \dfrac{|-91|}{7 \cdot \sqrt{227}}$ $\alpha = 59{,}64°$

Der Adler durchfliegt die Ebene unter einem Winkel von $59{,}64°$.

Lehrbuch Seite 114

1 a) $A = |\vec{a} \times \vec{b}| = \left\| \begin{pmatrix} -17 \\ 23 \\ 38 \end{pmatrix} \right\| = \sqrt{2262} = 47{,}56$ b) $A = \left\| \begin{pmatrix} 3 \\ -15 \\ 21 \end{pmatrix} \right\| = \sqrt{675} = 25{,}98$

   c) $A = \left\| \begin{pmatrix} -7 \\ -7 \\ -7 \end{pmatrix} \right\| = \sqrt{147} = 12{,}12$

Lehrbuch Seite 114

2 a) $\overrightarrow{AB} = \begin{pmatrix} -1 \\ 2 \\ -3 \end{pmatrix}$, $\overrightarrow{AC} = \begin{pmatrix} 2 \\ 3 \\ 2 \end{pmatrix}$ $\qquad A = \frac{1}{2} \cdot |\overrightarrow{AB} \times \overrightarrow{AC}| = \frac{1}{2} \cdot \left\| \begin{pmatrix} 13 \\ -4 \\ -7 \end{pmatrix} \right\| = \frac{1}{2} \cdot \sqrt{234} = 7{,}65$

b) $\overrightarrow{AB} = \begin{pmatrix} 1 \\ 3 \\ 4 \end{pmatrix}$, $\overrightarrow{AC} = \begin{pmatrix} 6 \\ 4 \\ 5 \end{pmatrix}$ $\qquad A = \frac{1}{2} \cdot |\overrightarrow{AB} \times \overrightarrow{AC}| = \frac{1}{2} \cdot \left\| \begin{pmatrix} -1 \\ 19 \\ -14 \end{pmatrix} \right\| = \frac{1}{2} \cdot \sqrt{558} = 11{,}81$

3 a) $\overrightarrow{AB} = \begin{pmatrix} 1 \\ 3 \\ 1 \end{pmatrix}$, $\overrightarrow{DC} = \begin{pmatrix} 1 \\ 3 \\ 1 \end{pmatrix}$, $\overrightarrow{AB} = \overrightarrow{DC}$

Das Viereck ABCD ist ein Parallelogramm.

b) $\overrightarrow{AD} = \begin{pmatrix} -2 \\ 2 \\ 2 \end{pmatrix}$, $A = |\overrightarrow{AB} \times \overrightarrow{AD}| = \left\| \begin{pmatrix} 4 \\ -4 \\ 8 \end{pmatrix} \right\| = \sqrt{96} = 9{,}80$

Lehrbuch Seite 116

1 a) $V = |(\vec{a} \times \vec{b}) \cdot \vec{c}| = \left| \begin{pmatrix} 5 \\ -6 \\ 1 \end{pmatrix} \cdot \begin{pmatrix} -5 \\ 0 \\ 3 \end{pmatrix} \right| = |-22| = 22$

b) $V = |(\vec{a} \times \vec{b}) \cdot \vec{c}| = \left| \begin{pmatrix} -6 \\ 40 \\ -14 \end{pmatrix} \cdot \begin{pmatrix} 10 \\ 5 \\ 5 \end{pmatrix} \right| = 70$

c) $V = |(\vec{a} \times \vec{b}) \cdot \vec{c}| = \left| \begin{pmatrix} 0 \\ 5 \\ 10 \end{pmatrix} \cdot \begin{pmatrix} 0 \\ 2 \\ 4 \end{pmatrix} \right| = 50$

d) $V = |(\vec{a} \times \vec{b}) \cdot \vec{c}| = \left| \begin{pmatrix} 0 \\ 0 \\ 24 \end{pmatrix} \cdot \begin{pmatrix} 0 \\ 0 \\ 3 \end{pmatrix} \right| = 72$

Alternative: Volumen eines Prismas: $V = a \cdot b \cdot c = 6 \cdot 4 \cdot 3 = 72$

2 a) $\overrightarrow{AB} = \begin{pmatrix} 2 \\ 6 \\ -1 \end{pmatrix}$, $\overrightarrow{AC} = \begin{pmatrix} -4 \\ 3 \\ -1 \end{pmatrix}$, $\overrightarrow{AD} = \begin{pmatrix} 1 \\ 7 \\ 7 \end{pmatrix}$

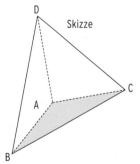

Skizze

$V = \frac{1}{6} \cdot |(\overrightarrow{AB} \times \overrightarrow{AC}) \cdot \overrightarrow{AD}| = \frac{1}{6} \cdot \left| \begin{pmatrix} -3 \\ 6 \\ 30 \end{pmatrix} \cdot \begin{pmatrix} 1 \\ 7 \\ 7 \end{pmatrix} \right| = \frac{1}{6} \cdot 249 = 41{,}5$

b) Die Grundfläche ist ein rechtwinkliges Dreieck

mit den Seitenlängen 7 und 4.

Die Pyramidenhöhe ist 6.

$V = \frac{1}{3} \cdot G \cdot h = \frac{1}{3} \cdot \frac{1}{2} \cdot 7 \cdot 4 \cdot 6 = 28$

Lehrbuch Seite 116

3 Grundfläche $G = \frac{1}{2} \cdot 5 \cdot 4 = 10$

Volumen $V = \frac{1}{3} \cdot 10 \cdot x_3 = 10$ für $x_3 = 3$; Spitze S(0 | 0 | 3)

Gerade g: $\vec{x} = \begin{pmatrix} 2 \\ -2 \\ 0 \end{pmatrix} + u\begin{pmatrix} 0 \\ 16 \\ 1,2 \end{pmatrix}$; $u \in \mathbb{R}$

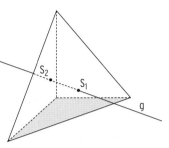

g verläuft parallel zur $x_2 x_3$-Ebene.

Durchstoßpunkt mit der Pyramidenfläche ABC:

$E: \frac{1}{5}x_1 + \frac{1}{4}x_2 + \frac{1}{3}x_3 = 1$ bzw. $E: 12x_1 + 15x_2 + 20x_3 = 60$

Einsetzen ergibt $r = \frac{1}{4}$ und damit $S_1(2 | 2 | 0,3)$.

Durchstoßpunkt mit der $x_1 x_3$-Ebene

$x_2 = 0 \Leftrightarrow r = \frac{1}{8}$ Einsetzen ergibt $S_2(2 | 0 | 0,15)$.

Abstand der beiden Schnittpunkte: $\left| \overrightarrow{S_1 S_2} \right| = \left| \begin{pmatrix} 2 \\ 0 \\ 0,15 \end{pmatrix} - \begin{pmatrix} 2 \\ 2 \\ 0,3 \end{pmatrix} \right| = \left| \begin{pmatrix} 0 \\ -2 \\ -0,15 \end{pmatrix} \right| = 2,006$

Die Strecke hat eine Länge von etwa 2.

4 Da die Punkte A, B, C und D die gleiche x_3-Koordinate ($x_3 = 1$) haben,

liegt das Viereck ABCD in einer zur $x_1 x_2$-Ebene parallelen Ebene.

Wegen $\overrightarrow{AB} = \overrightarrow{DC} = \begin{pmatrix} 4 \\ 4 \\ 0 \end{pmatrix}$ ist das Viereck ABCD ein Parallelogramm.

$\overrightarrow{AB} \cdot \overrightarrow{AD} = \begin{pmatrix} 4 \\ 4 \\ 0 \end{pmatrix} \cdot \begin{pmatrix} -2 \\ 2 \\ 0 \end{pmatrix} = 0$ Das Parallelogramm ABCD ist ein Rechteck.

Für das Volumen einer Pyramide gilt: $V = \frac{1}{3} \cdot G \cdot h$.

Mit $V = 48$ und $G = \left| \overrightarrow{AB} \right| \cdot \left| \overrightarrow{AD} \right| = 16$ ergibt sich $h = \frac{3V}{G} = 9$.

Der Mittelpunkt M der Grundfläche ist der Mittelpunkt der Strecke AC:

$\overrightarrow{OM} = \frac{1}{2}(\overrightarrow{OA} + \overrightarrow{OC}) = \begin{pmatrix} 5 \\ 5 \\ 1 \end{pmatrix}$ M(5 | 5 | 1)

Pyramidenspitze: $S(s_1 | s_2 | s_3)$

Da das Viereck ABCD in einer zur $x_1 x_2$-Ebene parallelen Ebene liegt,

muss die Strecke MS parallel zur x_3-Achse sein.

Wegen $s_3 > 0$ und $h = 9$, muss die x_3-Koordinate von S

um 9 größer sein als die x_3-Koordinate von M.

Pyramidenspitze: S(5 | 5 | 10)

Lehrbuch Seite 116

5 a) $\overrightarrow{BA} = \begin{pmatrix} -3 \\ 4 \\ 0 \end{pmatrix}$; $\overrightarrow{BC} = \begin{pmatrix} 3 \\ 2{,}25 \\ 0 \end{pmatrix}$; $\overrightarrow{AC} = \begin{pmatrix} 6 \\ -1{,}75 \\ 0 \end{pmatrix}$

$\overrightarrow{BA} \cdot \overrightarrow{BC} = 0$

Das Dreieck ist rechtwinklig mit rechtem Winkel in B.

$\left|\overrightarrow{BA}\right| = 5$; $\left|\overrightarrow{BC}\right| = \dfrac{15}{4}$

Flächeninhalt des Dreiecks: $A_\triangle = \dfrac{1}{2} \cdot 5 \cdot \dfrac{15}{4} = \dfrac{75}{8}$.

Oder: $A_\triangle = \dfrac{1}{2} \cdot \left|\overrightarrow{BA} \times \overrightarrow{BC}\right| = \dfrac{1}{2} \cdot \left|\begin{pmatrix} 0 \\ 0 \\ -\frac{75}{4} \end{pmatrix}\right| = \dfrac{75}{8}$

b) $\overrightarrow{OD} = \overrightarrow{OC} + \overrightarrow{BA} = \begin{pmatrix} 3 \\ 5{,}25 \\ 1 \end{pmatrix} \Rightarrow$ D (3 | 5,25 | 1)

Diagonalenschnittpunkt S′ des Rechtecks:

$\overrightarrow{OS'} = \overrightarrow{OB} + \dfrac{1}{2}\overrightarrow{AC} = \begin{pmatrix} 3 \\ \frac{17}{8} \\ 1 \end{pmatrix} \Rightarrow$ S′(3 | $\dfrac{17}{8}$ | 1)

bzw. $\overrightarrow{OS'} = \dfrac{1}{2}(\overrightarrow{OB} + \overrightarrow{OC}) = \begin{pmatrix} 3 \\ \frac{17}{8} \\ 1 \end{pmatrix}$

Die Punkte A, B, C, D und S′ haben alle die x_3-Koordinate $x_3 = 1$, das Rechteck

liegt also parallel zur x_1x_2-Ebene und die senkrechte Projektion von

S(3 | $\dfrac{17}{8}$ | 5) auf das Rechteck ist der Diagonalenschnittpunkt S′.

Daher liegt eine senkrechte Pyramide vor.

Lehrbuch Seite 118

Beispiel 1

3.1 Die Gerade g verläuft parallel
     zur x_2x_3-Ebene.

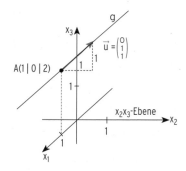

3.2 $\begin{pmatrix} 2 & 4 & 3 & | & 4 \\ 2 & 2 & 3 & | & 5 \\ -2 & 1 & -3 & | & 2 \end{pmatrix} \sim \begin{pmatrix} 2 & 4 & 3 & | & 4 \\ 0 & -2 & 0 & | & 1 \\ 0 & 5 & 0 & | & 6 \end{pmatrix} \sim \begin{pmatrix} 2 & 4 & 3 & | & 4 \\ 0 & -2 & 0 & | & 1 \\ 0 & 0 & 0 & | & 17 \end{pmatrix}$

Das lineare Gleichungssystem ist unlösbar.

Lehrbuch Seite 118

Beispiel 2

3.1 $E: \vec{x} = \begin{pmatrix} 3 \\ 0 \\ 0 \end{pmatrix} + u\begin{pmatrix} 1 \\ 0 \\ -5 \end{pmatrix} + v\begin{pmatrix} 0 \\ 1 \\ 2 \end{pmatrix}$; $u, v \in \mathbb{R}$

- g liegt in E: $g: \vec{x} = \begin{pmatrix} 3 \\ 0 \\ 0 \end{pmatrix} + r\begin{pmatrix} 1 \\ 0 \\ -5 \end{pmatrix}$; $r \in \mathbb{R}$

- h und E haben keine gemeinsamen Punkte: $h: \vec{x} = s\begin{pmatrix} 1 \\ 0 \\ -5 \end{pmatrix}$; $s \in \mathbb{R}$

3.2 Die Kante s liegt auf der Geraden g

mit der Gleichung: $\vec{x} = \begin{pmatrix} 4 \\ 0 \\ 0 \end{pmatrix} + v\begin{pmatrix} 0 \\ 1 \\ 0 \end{pmatrix}$; $v \in \mathbb{R}$

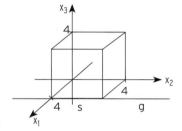

Beispiel 3

3.1 $\overrightarrow{AB} = \begin{pmatrix} 4 \\ 3 \\ 0 \end{pmatrix}$; $\overrightarrow{AC} = \begin{pmatrix} 1 \\ 7 \\ 0 \end{pmatrix}$; $\overrightarrow{BC} = \begin{pmatrix} -3 \\ 4 \\ 0 \end{pmatrix}$

$\overrightarrow{AB} \cdot \overrightarrow{BC} = 0$

Das Dreieck ABC ist rechtwinklig. Der rechte Winkel liegt in B.

3.2 $g: \vec{x} = \begin{pmatrix} 1 \\ -2 \\ 3 \end{pmatrix} + r\begin{pmatrix} 1 \\ -4 \\ 2 \end{pmatrix}$; $r \in \mathbb{R}$

Punktprobe mit Q(0 | 2 | 1) ergibt eine wahre Aussage für r = − 1.

$\vec{u} = \begin{pmatrix} 1 \\ -4 \\ 2 \end{pmatrix}$; $|\vec{u}| = \sqrt{21}$

$\overrightarrow{OR} = \overrightarrow{OQ} + 3 \cdot \vec{u} = \begin{pmatrix} 3 \\ -10 \\ 7 \end{pmatrix}$

R(3 | − 10 | 7)

$\overrightarrow{OS} = \overrightarrow{OQ} - 3 \cdot \vec{u} = \begin{pmatrix} -3 \\ 14 \\ -5 \end{pmatrix}$

S(− 3 | 14 | − 5)

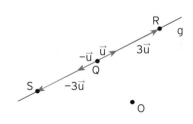

Lehrbuch Seite 119

Beispiel 1

1.1 Punktprobe mit $P(5 \mid 3 \mid 6)$:
$$\left(\begin{pmatrix} 5 \\ 3 \\ 6 \end{pmatrix} - \begin{pmatrix} 4 \\ 0 \\ 6 \end{pmatrix}\right) \cdot \begin{pmatrix} 3 \\ -3 \\ 1 \end{pmatrix} = 0$$

$$-6 = 0 \text{ falsche Aussage.}$$

Der Punkt P liegt nicht auf E.

Ebene parallel zu E durch P:
$$\left(\vec{x} - \begin{pmatrix} 5 \\ 3 \\ 6 \end{pmatrix}\right) \cdot \begin{pmatrix} 3 \\ -3 \\ 1 \end{pmatrix} = 0$$

1.2 Ebene E in Koordinatenform: $\qquad 3x_1 - 3x_2 + x_3 = 18$

$$\vec{n} \cdot \vec{u} = \begin{pmatrix} 3 \\ -3 \\ 1 \end{pmatrix} \cdot \begin{pmatrix} 1 \\ 0 \\ -3 \end{pmatrix} = 0$$

Der Normalenvektor von E steht senkrecht auf dem Richtungsvektor von g.

g und E sind parallel.

Punkt auf der Geraden g: $\qquad A(-5 \mid 1 \mid 0)$

$$\vec{a} = \begin{pmatrix} -5 \\ 1 \\ 0 \end{pmatrix}, \vec{p} = \begin{pmatrix} 4 \\ 0 \\ 6 \end{pmatrix}, \vec{n} = \begin{pmatrix} 3 \\ -3 \\ 1 \end{pmatrix}: \qquad d = \left| \frac{(\vec{a} - \vec{p}) \cdot \vec{n}}{|\vec{n}|} \right| = \frac{|-36|}{\sqrt{19}} = 8{,}26$$

Die Gerade g hat von der Ebene E den Abstand 8,26.

1.3 Punkt Q liegt auf g: $\qquad \overrightarrow{OQ} = \begin{pmatrix} -5+u \\ 1 \\ -3u \end{pmatrix}; \overrightarrow{BQ} = \begin{pmatrix} -11+u \\ -3 \\ -3u \end{pmatrix}; \vec{n} = \begin{pmatrix} 1 \\ 0 \\ -3 \end{pmatrix}$

Senkrecht stehen: $\overrightarrow{BQ} \cdot \vec{n} = 0 \qquad \begin{pmatrix} -11+u \\ -3 \\ -3u \end{pmatrix} \cdot \begin{pmatrix} 1 \\ 0 \\ -3 \end{pmatrix} = 0$

$$u = 1{,}1$$

Einsetzen von $u = 1{,}1$ ergibt: $\qquad \overrightarrow{OQ} = \begin{pmatrix} -3{,}9 \\ 1 \\ -3{,}3 \end{pmatrix}, Q(-3{,}9 \mid 1 \mid -3{,}3)$

Der Punkt $Q(-3{,}9 \mid 1 \mid -3{,}3)$ auf g hat vom Punkt B die kleinste Entfernung.

1.4 Der Punkt P liegt nicht auf h.

Beispiel 2

1.1 $\vec{n} = \begin{pmatrix} 1 \\ 0 \\ -1 \end{pmatrix} \times \begin{pmatrix} 1 \\ -1 \\ 0 \end{pmatrix} = \begin{pmatrix} -1 \\ -1 \\ -1 \end{pmatrix}; \vec{p} = \begin{pmatrix} 1 \\ 0 \\ 0 \end{pmatrix}$

Normalenform: $\qquad \left(\vec{x} - \begin{pmatrix} 1 \\ 0 \\ 0 \end{pmatrix}\right) \cdot \begin{pmatrix} -1 \\ -1 \\ -1 \end{pmatrix} = 0$

Koordinatenform: $-x_1 - x_2 - x_3 = -1$ oder $x_1 + x_2 + x_3 = 1$

Einsetzen von $x_1 = 2 + m$, $x_2 = 1 + m$ und $x_3 = 1 + m$

in die Ebenengleichung ergibt: $\qquad m = -1$

g und E schneiden sich in genau einem Punkt.

Hinweis: Schnittpunkt $S(1 \mid 0 \mid 0)$

Lehrbuch Seite 119 Beispiel 2

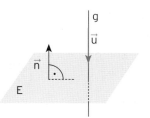

1.2 Der Richtungsvektor $\vec{u} = \begin{pmatrix} 1 \\ 1 \\ 1 \end{pmatrix}$ von g und der

Normalenvektor $\vec{n} = \begin{pmatrix} -1 \\ -1 \\ -1 \end{pmatrix}$ von E sind linear abhängig.

g und E sind orthogonal zueinander.

1.3 Schnittpunkt mit der x_1-Achse: $S_1(1 \mid 0 \mid 0)$
Schnittpunkt mit der x_2-Achse: $S_2(0 \mid 1 \mid 0)$
Schnittpunkt mit der x_3-Achse: $S_3(0 \mid 0 \mid 1)$

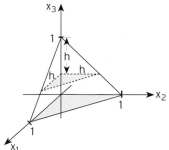

Pyramiden im Koordinatensystem

Volumen der Pyramide: $V = \frac{1}{3} \cdot \frac{1}{2} \cdot 1 \cdot 1 \cdot 1 = \frac{1}{6}$

Die Schnittebene, z. B. eine Ebene

parallel zur $x_1 x_2$-Ebene, soll die Pyramide

so teilen, dass das Volumen jeweils $\frac{1}{12}$ ist.

Dabei entstehen ein Pyramidenstumpf und eine kleinere Pyramide mit der

Höhe h. Die kleinere Pyramide hat das Volumen $V = \frac{1}{3} \cdot \frac{1}{2} \cdot h^3$.

Die Grundfläche ist ein gleichschenkliges Dreieck mit der Schenkellänge h.

Mit $V = \frac{1}{12}$ erhält man: $h = \frac{1}{\sqrt[3]{2}} \approx 0{,}794$

Die Grundfäche der kleineren Pyramide verläuft parallel zur $x_1 x_2$-Ebene

im Abstand $1 - 0{,}794 = 0{,}206$.

Gleichung der Schnittebene: $\vec{x} = \begin{pmatrix} 0 \\ 0 \\ 0{,}206 \end{pmatrix} + r\begin{pmatrix} 1 \\ 0 \\ 0 \end{pmatrix} + s\begin{pmatrix} 0 \\ 1 \\ 0 \end{pmatrix}$; $r, s \in \mathbb{R}$

oder in Koordinatenform: $x_3 = 0{,}206$

Beispiel 3

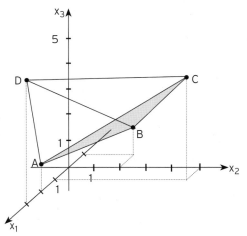

1.1 $\left| \overrightarrow{AB} \right| = \left\| \begin{pmatrix} -3 \\ 2 \\ 0 \end{pmatrix} \right\| = \sqrt{13}$; $\left| \overrightarrow{BC} \right| = \left\| \begin{pmatrix} 2 \\ 3 \\ 3 \end{pmatrix} \right\| = \sqrt{22}$

$\left| \overrightarrow{AC} \right| = \left\| \begin{pmatrix} -1 \\ 5 \\ 3 \end{pmatrix} \right\| = \sqrt{35}$

Das Dreieck ABC ist nicht gleichschenklig.

1.2 Zeichnung

Die Punkte A und D liegen

in der $x_1 x_3$-Ebene.

Lehrbuch Seite 119 Beispiel 3

1.3 A(2 | 0 | 1), B(− 1 | 2 | 1), C(1 | 5 | 4)

$$\overrightarrow{AB} = \begin{pmatrix} -3 \\ 2 \\ 0 \end{pmatrix}; \quad \overrightarrow{AC} = \begin{pmatrix} -1 \\ 5 \\ 3 \end{pmatrix}; \quad \vec{n} = \overrightarrow{AB} \times \overrightarrow{AC} = \begin{pmatrix} 6 \\ 9 \\ -13 \end{pmatrix}; \quad \vec{p} = \begin{pmatrix} 2 \\ 0 \\ 1 \end{pmatrix}$$

Normalenform: $\left(\vec{x} - \begin{pmatrix} 2 \\ 0 \\ 1 \end{pmatrix} \right) \cdot \begin{pmatrix} 6 \\ 9 \\ -13 \end{pmatrix} = 0$

Koordinatenform: $6x_1 + 9x_2 - 13x_3 = -1$

P' ist Spiegelpunkt von P bezüglich der Ebene E,

wenn gilt:

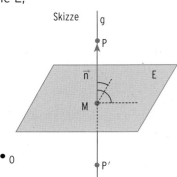

Skizze

(1) $\overrightarrow{PP'}$ und $\vec{n}$ sind linear abhängig.

(2) Der Mittelpunkt M der Strecke PP'
     liegt in E.

Zu (1): $\overrightarrow{PP'} = \begin{pmatrix} -12 \\ -18 \\ 26 \end{pmatrix} = -2\vec{n}$

$\overrightarrow{PP'}$ und $\vec{n}$ sind linear abhängig.

Zu (2): $\overrightarrow{OM} = \frac{1}{2}(\overrightarrow{OP} + \overrightarrow{OP'}) = \begin{pmatrix} 0,5 \\ 1 \\ 1 \end{pmatrix}$

Einsetzen der Koordinaten von M in

die Gleichung von E ergibt: $6 \cdot 0,5 + 9 \cdot 1 - 13 \cdot 1 = -1$

$-1 = -1$ w. A.

M liegt in E.

P' ist der Spiegelpunkt von P bezüglich der Ebene E.

Alternative zu (1) und (2)

Die Gerade g verläuft senkrecht auf E durch den Punkt P.
Man bestimmt den Schnittpunkt M von g und E und damit P'.

E: $6x_1 + 9x_2 - 13x_3 = -1$

g: $\vec{x} = \overrightarrow{OP} + r\vec{n}$ g: $\vec{x} = \begin{pmatrix} 6,5 \\ 10 \\ -12 \end{pmatrix} + r \begin{pmatrix} 6 \\ 9 \\ -13 \end{pmatrix}; r \in \mathbb{R}$

Schnittpunkt von g und E (r = − 1):   M(0,5 | 1 | 1)

$\overrightarrow{OP'} = \overrightarrow{OM} + \overrightarrow{PM}$: $\overrightarrow{OP'} = \begin{pmatrix} 0,5 \\ 1 \\ 1 \end{pmatrix} + \begin{pmatrix} -6 \\ -9 \\ 13 \end{pmatrix} = \begin{pmatrix} -5,5 \\ -8 \\ 14 \end{pmatrix}$

Spiegelpunkt von P: P'(− 5,5 | − 8 | 14)

P' ist der Spiegelpunkt von P bezüglich der Ebene E.